冶金职业技能培训丛书

PS 转炉工艺技术实践

程永红　等编著

北　京

冶金工业出版社

2015

内 容 提 要

　　本书是在大量炼铜生产实践基础上,以"喻勇大师工作室"为平台,结合有色行业协会组织开发的转炉仿真模拟系统编撰而成。书中涵盖了铜锍吹炼的基本原理、PS转炉结构及耐火材料、PS转炉吹炼的生产实践、PS转炉作业技术操作规程、PS转炉作业安全操作程序动作标准、PS转炉的检修与维护、PS转炉作业事故应急、其他吹炼工艺及PS转炉技能培训知识要点等内容。

　　本书可作为PS转炉岗位技能培训教材,也可供铜行业企业工程技术人员、管理人员、实习大学生阅读参考。

图书在版编目(CIP)数据

PS转炉工艺技术实践/程永红等编著. —北京:冶金工业出版社,2015.7

　(冶金职业技能培训丛书)

ISBN 978-7-5024-6948-1

Ⅰ.①P…　Ⅱ.①程…　Ⅲ.①转炉　Ⅳ.①TF748.2

中国版本图书馆CIP数据核字(2015)第154639号

出　版　人　谭学余
地　　　址　北京市东城区嵩祝院北巷39号　邮编　100009　电话　(010)64027926
网　　　址　www.cnmip.com.cn　电子信箱　yjcbs@cnmip.com.cn
责任编辑　杨盈园　美术编辑　杨　帆　版式设计　孙跃红
责任校对　郑　娟　责任印制　李玉山
ISBN 978-7-5024-6948-1
冶金工业出版社出版发行;各地新华书店经销;三河市双峰印刷装订有限公司印刷
2015年7月第1版,2015年7月第1次印刷
787mm×1092mm　1/16;9.5印张;227千字;138页
38.00元

冶金工业出版社　投稿电话　(010)64027932　投稿信箱　tougao@cnmip.com.cn
冶金工业出版社营销中心　电话　(010)64044283　传真　(010)64027893
冶金书店　地址　北京市东四西大街46号(100010)　电话　(010)65289081(兼传真)
冶金工业出版社天猫旗舰店　yjgycbs.tmall.com
　　　　　　　(本书如有印装质量问题,本社营销中心负责退换)

编写委员会

主　任　程永红

副主任　汤红才　李　光　逯毅君

委　员　李金利　齐红斌　杨贵严　张正位

　　　　赵福生　赵淑林　陈国梁　喻　勇

　　　　李祖如　雷国强　杨　磊　李爱民

前　言

金川集团股份有限公司自1971年首次产出铜产品1003t至今，经历了44年的铜冶炼历史，目前产能为100万吨/年，铜冶炼技术处于国内领先水平。PS转炉铜锍吹炼工艺经过多年摸索和生产经验积累，逐渐形成了一套成熟的生产经验，大修炉寿命达到1200炉。2014年，行业在公司设立了"喻勇大师工作室"，充分肯定了金川在该领域取得的成绩和贡献。

本书是在大量炼铜生产实践基础上，以"喻勇大师工作室"为平台，结合有色行业协会组织开发的转炉仿真模拟系统编撰而成。书中涵盖了铜锍吹炼的基本原理、PS转炉结构及耐火材料、PS转炉吹炼的生产实践、PS转炉作业技术操作规程、PS转炉作业安全操作程序动作标准、PS转炉的检修与维护、PS转炉作业事故应急以及其他吹炼工艺和PS转炉技能培训知识要点等内容。

职工技能开发是现代企业职工培训中的一项重要工作，直接关系到企业顺畅生产和经济效益的提高，也和员工的生命安全相关。该书以理论知识为基础，多年现场生产实践经验为依据，理论知识分析透彻，生产操作条理清晰，可作为PS转炉岗位技能培训教材，也可供铜行业企业工程技术人员、管理人员、实习大学生阅读参考。由于编者水平有限，时间紧迫，书中若有不妥之处，诚望各界人士不吝赐教。

参加本书编写工作的有：齐红斌、杨贵严、张正位、雷国强、李自玺、董旭、陶广山、许登祥、杨述凯、蒲俊祺、李爱民、陆浩宇、丁天生、杨林忠、李海荣、赵家金、杨莉、李春梅、李玲，全书由喻勇、杨磊、李祖如统稿。本书编写过程中承蒙各级领导和部分工程技术人员的大力支持，在此一并致谢。

编　者

2015 年 4 月

目　录

1 概　述

1.1　铜锍吹炼工艺基本描述

铜锍吹炼的造渣期在于获得足够数量的白铜锍（Cu_2S），通过分批加入，逐渐富集获得。在吹炼操作时，把炉子转到停风位置，装入第一批铜锍，其装入量视炉子大小而定，一般使风口浸入液面下 200 ~ 500mm 为宜。然后，旋转炉体至吹炼位置，边旋转边送风，吹炼数分钟后加石英熔剂。当温度升高到 1200 ~ 1250℃ 以后，把炉子转到停风位置，加入冷料。随后把炉子转到吹炼位置，再吹炼一段时间，当炉渣造好后，旋转炉子，当风口离开液面后停风倒出炉渣。之后再加入铜锍，吹炼数分钟后加入石英熔剂，并根据炉温加入冷料。当炉渣造好后倒渣，之后再加铜锍。依此类推，反复进行进料、吹炼、放渣，直到炉内熔体所含铜量满足造铜期要求时为止。这时开始筛炉，即最后一次除去熔体内残留的 FeS，倒出最后一批渣。为了保证在筛炉时熔体能保持 1200 ~ 1250℃ 的高温，以便使第二周期吹炼和粗铜放出不致发生困难，有的工厂在筛炉前向炉内加少量铜硫。这时熔剂加入量要严格控制，同时加强鼓风，使熔体充分过热。

在造渣期，应保持"低料面、薄渣层"操作，适时适量地加入石英熔剂和冷料。炉渣造好后及时放出，不能过吹。

铜锍吹炼的造渣期（从装入铜锍到获得白铜锍为止）的时间不是固定的，取决于铜锍的品位和数量以及单位时间向炉内的供风量。在铜锍数量、单位时间供风量一定时，锍品位愈高，造渣期愈短；在锍品位、数量一定时，单位时间供风量愈大，造渣期愈短；在锍品位和单位时间供风量一定时，铜锍数量愈少，造渣期愈短。

筛炉时间是指加入最后一次铜锍后从开始供风至倒完最后一次炉渣之间的时间。筛炉期间石英熔剂加入量应严格控制，每次少加，多加几次，防止过量。熔剂过量会使炉温降低，炉渣发黏，铜含量升高，并且还可能在造铜期引起喷炉事故。相反，如果石英熔剂不足，铜锍中的铁造渣不完全，铁除不净，导致造铜期容易形成 Fe_3O_4。这不仅会延长造铜期吹炼时间，而且会降低粗铜质量，同时还容易堵塞风口使供风受阻，清理风口困难。在造铜期末，稍有过吹，就容易形成熔点较低、流动性较好的铁酸亚铜（$Cu_2O \cdot Fe_2O_3$）稀渣，不仅使渣含铜增加，铜的产量和直接回收率降低，而且稀渣严重腐蚀炉衬，降低炉寿命。

判断筛炉结束的时间是造渣期操作的一个重要环节，它是决定铜的直接回收率和造铜期是否能顺利进行的关键。过早或过迟进入造铜期都是有害的。过早地进入造铜期的危害与石英熔剂量不足的危害相同。过迟进入造铜期，会使 FeO 进一步氧化成 Fe_3O_4。使已造好的炉渣变黏，同时 Cu_2S 氧化产生大量的 SO_2 烟气使炉渣喷出。

筛炉后继续鼓风吹炼进入造铜期，这时不向炉内加铜锍，也不加熔剂。当炉温高于所控制的温度时，可向炉内加适量的冷铜。

在造铜期，随着 Cu_2S 的氧化，炉内熔体的体积逐渐减小，炉体应逐渐往后转，以维持风口在熔体面以下一定距离。

造铜期中最主要的是准确判断出铜时机。出铜时，转动炉子加入一些石英，将炉子稍向后转，然后再出铜，以便挡住氧化渣。倒铜时应当缓慢均匀，出铜后迅速捅风眼，清除风口结块。然后装入铜锍，开始下一炉次的吹炼。

1.2 铜锍吹炼工艺流程

铜锍中的铜锍吹炼过程是周期性的，整个过程分为两个周期。在吹炼的第一周期，铜锍中的 FeS 与鼓入空气中的氧发生强烈的氧化反应，生成 FeO 和 SO_2 气体。FeO 与加入的石英熔剂反应造渣，故又称为造渣期。造渣期完成后获得了白锍（Cu_2S），继续对白锍吹炼，即进入第二周期。在吹炼的第二周期，鼓入空气中的氧与 Cu_2S（白锍）发生强烈的氧化反应，生成 Cu_2O 和 SO_2。Cu_2O 又与未氧化的 Cu_2S 反应生成金属 Cu 和 SO_2，直到生成的粗铜含铜 98.5% 以上时，吹炼的第二周期结束。铜锍吹炼的第二周期不加入熔剂、不造渣，以产出粗铜为特征，故又称为造铜期。

为了防止炉衬耐火材料因过度受热而缩短炉寿命，需要向炉内加入冷料以控制炉温。用空气吹炼高品位的铜锍时，吹炼所需的热量难以维持过程自热进行，可以鼓入富氧空气，减少烟气带走的热量以弥补热量的不足，富氧空气吹炼可以缩短吹炼时间，提高生产能力。转炉吹炼过程是周期性的作业，倒入铜锍、吹炼和倒出吹炼产物三个过程的循环，造成大量的热量损失；产出的烟气量和烟气成分波动很大，使硫酸生产设备的生产条件难以稳定，致使硫酸的回收率不高。这是转炉吹炼过程的主要问题。转炉吹炼工艺如图 1-1 所示。

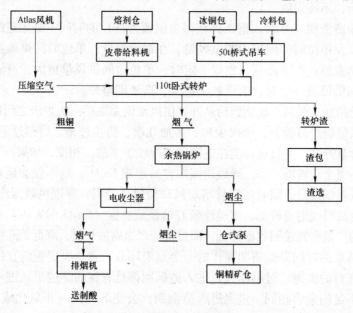

图 1-1 转炉吹炼工艺流程

1.3 铜锍的化学组成

部分熔炼方法的铜锍化学组成见表1-1。

表1-1 部分熔炼方法的铜锍化学组成

熔炼方法	化学组成(质量分数)/%						厂 名
	Cu	Fe	S	Pb	Zn	Fe_3O_4	
密闭鼓风炉							
富氧空气	41.57	28.66	23.79	—	—	—	铜陵金昌冶炼厂
普通空气	25~30	36~40	22~24	—	—	—	沈阳冶炼厂
奥托昆普	58.64	11~18	21~22	0.3~0.8	0.28~1.4	0.1(Bi)	贵溪冶炼厂
	52.46	19.81	22.37	0.23	0.01(Bi)	—	铜陵金隆冶炼厂
闪速熔炼	66~70	8.0	21.0	—	—	—	哈亚瓦尔塔冶炼厂
	52.55	18.66	23.46	0.3	1.8	—	东予冶炼厂
诺兰达熔炼	69.84	6.08	21.07	0.64	0.28	—	大冶冶炼厂
	64.70	7.8	23.00	2.80	1.20	—	霍恩冶炼厂
白银法	50~54	17~19	22~24		1.4~2.0		白银冶炼厂
瓦纽柯夫法	41~55	25~14	23~24	4.5~5.2 (Ni)			诺利尔斯克冶炼厂
澳斯麦特法	44.5	23.6	23.8	—	3.2		
	41~67	29~12	21~24	—	—		侯马冶炼厂
艾萨法	50.57	18.76	23.92	0.03(Ni)	0.16(As)		云南铜业冶炼厂
三菱法	65.7	9.2	21.9	—	—	—	直岛冶炼厂

铜锍吹炼的基本原理

2.1 吹炼时主要物理化学变化

铜锍的铜品位通常在 30% ~ 65% 之间，其主要成分是 FeS 和 Cu$_2$S。此外，还含有少量其他金属硫化物和铁的氧化物。硫化物的氧化反应可用下列通式表示：

$$MeS + 2O_2 = MeSO_4$$

$$MeS + 1.5O_2 = MeO + SO_2$$

$$MeS + O_2 = Me + SO_2$$

MeSO$_4$ 在吹炼温度下不能稳定存在，即硫化物不会按反应 MeS + 2O$_2$ = MeSO$_4$ 进行。

硫化物与氧反应的 $\Delta G^{\ominus}$-T 关系如图 2-1 所示。

从图 2-1 可以看出，FeS 氧化反应的标准吉布斯自由能 $\Delta G^{\ominus}$ 最低，所以在锍吹炼的初期，它优先于 Cu$_2$S 氧化。FeS 首先被氧化成 FeO，并加入石英造渣，即在吹炼的第一阶段 FeS 的氧化造渣，称为造渣期。

随着 FeS 的氧化造渣，它在锍中的浓度降低，而 Cu$_2$S 的浓度提高，Cu$_2$S 氧化的趋势也逐渐增大。但是有 FeS 存在时会将 Cu$_2$O 转化为 Cu$_2$S，所以在造渣期只要 FeS 还未氧化完，Cu$_2$S 便会留在铜锍中。待 FeS 氧化造渣完后，才转入 Cu$_2$S 氧化的造铜期。

所以在造渣期的化学反应如下：

$$2FeS + 3O_2 = 2FeO + 2SO_2 + 935.484kJ$$

$$2FeO + SiO_2 = 2FeO \cdot SiO_2 + 92.796kJ$$

随着吹炼的进行，当铜锍中 Fe 的含量降到 1% 以下时，也就是 FeS 几乎全部被氧化之后，Cu$_2$S 开始氧化进入造铜期。

2.2 Cu$_2$S 氧化与粗铜生成

吹炼进入造铜期后，发生 Cu$_2$S 与 Cu$_2$O 的反应：

$$2Cu_2S + 3O_2 = 2Cu_2O + 2SO_2$$

$$2Cu_2O + Cu_2S = 6Cu + SO_2$$

总反应为：

$$Cu_2S + O_2 = 2Cu + SO_2$$

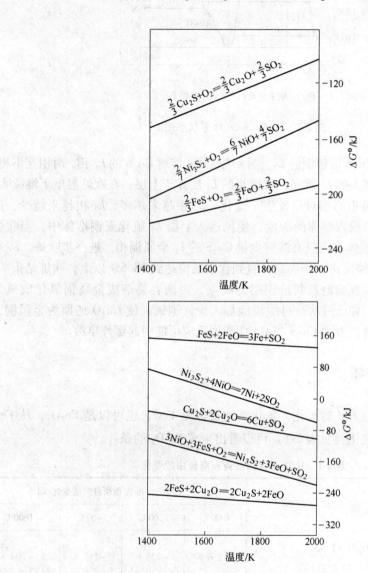

图 2-1　硫化物与氧反应的 $\Delta G^{\ominus}$-T 关系

生成金属铜，但并不是立即出现金属铜相，该过程可以用 Cu-Cu₂S-Cu₂O 体系状态图（图 2-2）说明。

从图 2-2 可以看出，从 A 点开始，Cu₂S 氧化生成的金属铜溶解在 Cu₂S 中，形成液相（L_2），即溶解有铜的 Cu₂S 相：此时熔体组成在 A-B 范围内变化，随着吹炼过程的进行，Cu₂S 相中溶解的铜逐渐增多，当达到 B 点时，Cu₂S 相中溶解的铜量达到饱和状态。在 1200℃时，Cu₂S 溶解铜的饱和量为 10%，超过 B 点后，熔体进入 B-C 段，此时熔体出现

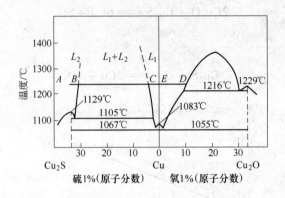

图 2-2   Cu-Cu$_2$S-Cu$_2$O 系状态图

两相共存，其中一相是 Cu$_2$S 溶解铜的 L_2，另一相是 Cu 溶解 Cu$_2$S 的 L_1 相，两相互不相溶，以密度不同而分层，密度大的 L_1 沉底，密度小的 L_2 层浮于上层；在吹炼温度下继续吹炼，两相的组成不变，但是两相的相对量发生了变化，L_1 相越来越多、L_2 相越来越少，这时适当转动炉体，缩小风口浸入熔体的深度，使风送入上层 L_2 硫化亚铜熔体中。当吹炼进行到 C 点时，L_2 相消失，体系内只有溶解少量 Cu$_2$S 的 L_1 金属铜相。进一步吹炼，L_1 相中的 Cu$_2$S 进一步氧化，铜纯度进一步提高，直到含铜品位达到 98.5% 以上，吹炼结束。

在造铜期末期，必须准确地判断造铜期的终点，否则容易造成金属铜氧化成氧化亚铜，这就是铜过吹事故。如已过吹，可缓慢地加入少许铜锍，使 Cu$_2$O 还原为金属铜，但熔体铜锍的加入必须缓慢，否则 Cu$_2$S 与 Cu$_2$O 激烈反应可能引起爆炸事故。

2.3   Fe$_3$O$_4$ 生成与破坏

在吹炼的第一周期是 FeS 的氧化，氧化产物可以是 FeO，也可以是 Fe$_3$O$_4$，从 FeS 氧化的标准吉布斯自由能变化（见表 2-1）可以看出生成 Fe$_3$O$_4$ 的条件。

表 2-1   化学反应标准吉布斯自由能变化

化学反应	反应的标准吉布斯自由能变化/kJ			
	1000℃	1200℃	1400℃	1600℃
2/3FeS + O$_2$ = 2/3FeO + 2/3SO$_2$ $\Delta G^\ominus = -303557 + 52.71T$	-236.5	-225.9	-215.4	-204.8
3/5FeS + O$_2$ = 1/5Fe$_3$O$_4$ + 3/5SO$_2$ $\Delta G^\ominus = -362510 + 86.07T$	-252.9	-235.7	-218.6	-201.3
6FeO + O$_2$ = 2Fe$_3$O$_4$ $\Delta G^\ominus = -809891 + 342.8T$	-373.5	-304.9	236.4	167.8
9/5Fe$_3$O$_4$ + 3/5FeS = 6FeO + 3/5SO$_2$ $\Delta G^\ominus = 5305577 - 300.24T$	148.4	88.3	28.3	-318

化 学 反 应	反应的标准吉布斯自由能变化/kJ			
	1000℃	1200℃	1400℃	1600℃
$2FeO + SiO_2 = 2FeO \cdot SiO_2$ $\Delta G^{\ominus} = -99064 - 24.79T$	-130.6	-135.6	-140.5	-145.5
$3Fe_3O_4 + FeS + 5SiO_2 = 5(2FeO \cdot SiO_2) + SO_2$ $\Delta G^{\ominus} = 519397 - 352.13T$	71.1	0.71	-69.7	-140.1

Fe_3O_4 会使炉渣熔点升高、黏度和密度也增大，结果既有不利之处，也有有利的作用。转炉渣中 Fe_3O_4 含量较高时，会导致渣含铜显著增高，喷溅严重，风口操作困难。在转炉渣返回熔炼炉处理的情况下，还会给熔炼过程带来很大麻烦。利用 Fe_3O_4 的难熔特点，可以在炉壁耐火材料上附着成为保护层，利于炉寿命的提高。在实践生产上，称之为挂炉作业。

控制 Fe_3O_4 的措施和途径：

（1）转炉正常吹炼的温度在 1250～1300℃ 之间。在兼顾炉子耐火材料寿命的情况下，适当提高吹炼温度。

（2）保持渣中一定的 SiO_2 量。

（3）勤放渣。

总结以上分析，得出在吹炼温度下，Cu 和 Fe 硫化物的氧化反应是：

造渣期：

$$FeS + 1.5O_2 === FeO + SO_2$$

$$2FeO + SiO_2 === 2FeO \cdot SiO_2$$

造铜期：

$$2Cu_2S + 3O_2 === 2Cu_2O + 2SO_2$$

$$2Cu_2O + Cu_2S === 6Cu + SO_2$$

因为以上反应的存在，得以实现用吹炼的方法将锍中的 Fe 和 Cu 分离，完成粗铜的制取过程。

2.4 吹炼过程中杂质元素的行为

一般铜锍中的主要杂质有 Ni、Pb、Zn、Bi 及贵金属。它们在 PS 转炉吹炼过程中的行为分述如下。

2.4.1 Ni_3S_2 在吹炼过程中的变化

Ni_3S_2 是高温下稳定的镍的硫化物。当熔体中有 FeS 存在时，NiO 能被 FeS 硫化成 Ni_3S_2：

$$3NiO(s) + 3FeS(l) + O_2 = Ni_3S_2(l) + 3FeO(l) + SO_2$$

只有在 FeS 浓度降低到很小时，Ni_3S_2 才按下式被氧化：

$$Ni_3S_2 + 3.5O_2 = 3NiO + 2SO_2$$

$$\Delta_r H_m^\ominus = + 1186kJ/mol$$

氧化反应的速度很慢，NiO 不能完全入渣。（在造铜期）当熔体内有大量铜和 Cu_2O 时，少量 Ni_3S_2 可按下式反应生成金属镍：

$$Ni_3S_2(l) + 4Cu(l) = 3Ni + 2Cu_2S(l)$$

$$Ni_3S_2(l) + 4Cu_2O(l) = 8Cu(l) + 3Ni + 2SO_2$$

在铜锍的吹炼过程中，难于将镍大量除去，粗铜中 Ni 含量仍有 0.5% ~ 0.7%。

2.4.2　CoS 在吹炼过程中的变化

CoS 只在造渣末期，即在 FeS 含量较低时才被氧化成 CoO：

$$CoS + 1.5O_2 = CoO + SO_2$$

生成的 CoO 与 SiO_2 结合成硅酸盐进入转炉渣。

当硫化物熔体中含铁约 10% 或稍低于此值时，CoS 开始剧烈氧化造渣。在处理含钴的物料时，后期转炉渣含钴可达 0.4% ~ 0.5% 或者更高一些。因此常把它作为提钴的原料。

2.4.3　ZnS 在吹炼过程中的变化

在铜锍吹炼过程中，锌以金属 Zn、ZnS 和 ZnO 三种形态分别进入烟尘和炉渣中，以 ZnO 形态进入吹炼渣：

$$ZnS + 1.5O_2 = ZnO + SO_2$$

$$\Delta G^\ominus = - 521540 + 120T \quad (J)$$

$$ZnO + 2SiO_2 = ZnO \cdot 2SiO_2$$

$$ZnO + SiO_2 = ZnO \cdot SiO_2$$

在铜锍吹炼的造渣期末造铜期初，由于熔体内有金属铜生成，将发生下面的反应：

$$ZnS + 2Cu = Cu_2S + Zn(g)$$

在各温度下该反应的锌蒸气压如下所示：

温度/℃	1000	1100	1200	1300
P_{Zn}/Pa	6850	12159	25331	46610

由于转炉烟气中锌蒸气的分压很小，所以金属 Cu 与 ZnS 的反应能顺利地向生成锌蒸气的方向进行。生产实践表明，锍中的锌约有 70% ~80% 进入转炉渣，20% ~30% 进入烟尘。

2.4.4　PbS 在吹炼过程中的变化

在锍吹炼的造渣期，熔体中 PbS 的 25% ~30% 被氧化造渣，40% ~50% 直接挥发进入烟气，25% ~30% 进入白铜锍中。

PbS 的氧化反应在 FeS 之后、Cu_2S 之前进行，即在造渣末期，大量 FeS 被氧化造渣之后，PbS 才被氧化，并与 SiO_2 造渣。

$$PbS + 1.5O_2 \Longrightarrow PbO + SO_2$$

$$2PbO + SiO_2 \Longrightarrow 2PbO \cdot SiO_2$$

由于 PbS 沸点较低（1280℃），在吹炼温度下，有相当数量的 PbS 直接从熔体中挥发出来进入炉气中。

2.4.5　Bi_2S_3 在吹炼过程中的变化

Bi_2S_3 易挥发，锍中的 Bi_2S_3 在吹炼时被氧化成 Bi_2O_3：

$$2Bi_2S_3 + 9O_2 \Longrightarrow 2Bi_2O_3 + 6SO_2$$

2.4.6　砷、锑化合物在吹炼过程中的变化

在吹炼过程中砷和锑的硫化物大部分被氧化成 As_2O_3、Sb_2O_3 挥发，少量被氧化成 As_2O_5、Sb_2O_5 进入炉渣。只有少量砷和锑以铜的砷化物和锑化物形态留在粗铜中。

2.4.7　贵金属在吹炼过程中的变化

在吹炼过程中金、银等贵金属基本上以金属形态进入粗铜相中，只有少量随铜进入转炉渣中。

3

转炉的结构及耐火材料

3.1 转炉结构

目前铜锍的吹炼普遍使用卧式（PS）侧吹转炉，国外少数工厂使用虹吸式转炉。PS转炉除了本体外，还包括送风系统、倾转系统、排烟系统、熔剂系统、残极加入系统、烘烤系统、捅风口装置、炉口清理机等附属设备。转炉本体包括炉壳、炉衬、炉口、风口、大齿轮、大托圈等部分。

随着社会对生产能力不断增加的要求，目前转炉的尺寸都在朝着大型化的方向发展：外径4m以下的转炉已逐步被淘汰。表3-1列出的是目前国内一些工厂采用的转炉规格。

表3-1 国内一些工厂采用部分转炉规格

转炉尺寸/mm×mm	铜锍处理量/t	风口数目/个	送风量(标态)/m³·h⁻¹
$\phi 4000 \times L9000$	145	49	29000
$\phi 4000 \times L11700$	195	54	34000
$\phi 4000 \times L13700$	230	59	39000

目前金川公司110t转炉的规格为 $\phi 4m \times 11.7m$。

3.1.1 炉壳及内衬材料

转炉炉壳为卧式圆筒，用厚40mm的锅炉钢板卷制焊接而成，上部中间有炉口，两侧焊接弧形端盖、靠两端盖附近安装有支撑炉体的大托轮（整体铸钢件），驱动侧和自由侧各一个。大托轮既能支撑炉体，同时又是加固炉体的结构，用楔子和环形塞子把大托轮安装在炉体上。为适应炉子的热膨胀，预先留有膨胀余量。因此，大托轮和炉体始终保持有间隙，大托轮由4组托架支撑着，每组托架有2个托辊，托架上各个托辊负重均匀。炉体的热膨胀大部分由自由侧承担，因而对送风管的方向接头的影响减小。托辊轴承的轴套里放有特殊的固态润滑剂，可做无油轴承使用，并配有手动润滑油泵，进行集中给油。在驱动侧的托轮旁用螺栓安装着炉体倾转用的大齿轮。中小型转炉的大齿轮，一般是整圈的，可使转炉转动360°。

在炉壳内部多用镁质或镁铬质耐火砖砌成炉衬，炉衬按受热情况、熔体和气体冲刷的不同，各部位砌筑的材质有所差别，炉衬砌体留有的膨胀砌缝要求严实。对于一个外径4m的转炉炉衬厚度分别为：上、下炉口部位230mm，炉口两侧200mm，圆筒体400mm+50mm填料，两端墙350mm+50mm填料。

3.1.2　炉口

炉口设于炉筒体中央或偏向一端，中心向后倾斜，供装料、放渣、放铜、排烟之用，炉口一般为整体铸钢件，采用镶嵌式与炉壳相连接用螺栓固定在炉壳支座上。炉口里面焊接有加强筋板，炉口支座为钢板焊接结构，用螺栓安装在炉壳上。炉口上装有钢质护板，使熔体不能接触安装炉口的螺栓。

炉口的四周安装由钢板制成的裙板，它是一个用钢板卷成的半圆形罩子将炉口四周的炉体部分罩住，用螺栓固定在炉体及炉口支座上，它可以看做是炉口的延伸，其作用是保护炉体及送风管路，防止炉内喷溅物、排渣排铜时的熔体和进料时的铜锍烧坏炉壳，也可以防止炉后结的大块和吊车加的冷料等异物的冲击。

现代转炉大都采用长方形炉口，炉口大小对转炉正常操作很重要。炉口过小会使熔体和冷料的加入发生困难，炉口排烟不畅，使吹炼作业发生困难。鼓风压力一定时，增大炉口面积，可以减少烟气排出阻力，有利于增大鼓风量来提高转炉生产率。若炉口面积过大会增大吹炼过程的热损失，会降低炉壳的强度。炉口面积按转炉正常操作时熔池面积20%~30%来选取，或按烟气出口速度8~11m/s来确定。

在炉体炉口正对的另一侧装有一个配重块，是一个用钢板制成的四方形盒子，内部装有负重物，一般为铁块，配重块用螺栓固定在炉体上，配重的作用是让炉子的重心稳定在炉体的中心线上。

我国已成功地采用了水套炉口。这种炉口由8mm厚的锅炉钢板焊成，并与保护板（也称裙板）焊接一起。水套炉口进水温度一般为25℃左右，出水温度一般为50~70℃。实践证明，水套炉口能够减少炉口黏结物，大大缩短了清理炉口的时间，减轻了劳动强度，延长了炉口寿命。

3.1.3　风口

在转炉的后侧同一水平线上设有紧密排列的风口，压缩空气由此送入炉内熔体中，参与氧化反应。它由水平风管、风口底座、弹子房、弹子和消声器组成。风口三通是铸钢件，用螺栓安装在炉体预先焊好的风口底座上。水平风管通过螺纹与风口三通相连接，弹子装在风口三通的弹子室中，送风时，弹子因风压而压向弹子压环，因而与球面部位相接触，可防止漏风。机械捅风口时，虽然钎子把弹子捅入弹子室漏风，但钎子一拔出来，风压又把弹子压向压环。以防漏风；消声器用于消除捅风口时产生的漏风噪声。风口盒的结构如图3-1所示。

在炉体的大托轮上均匀地标有转炉的角度刻度，有一个指针固定在平台上指示角度的数值，操作人员在操作室内可以看到角度，从而可以了解转炉转动的角度，一般0°位置是捅风眼的位置。

风口是转炉的关键部位，其直径一般为38~50mm。风口直径大，其截面积就大，在

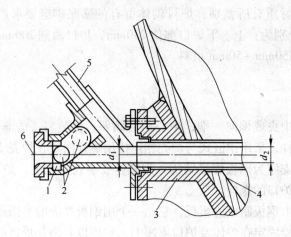

图 3-1　风口盒的结构

1—风口盒；2—钢球；3—风口座；4—风口管；
5—支风管；6—钢钎进出口

同样鼓风压力下鼓入的风量就多，所以采用直径大的风口能提高转炉的生产率。但是，当风口直径过大时，容易使炉内熔体喷出，所以转炉风口直径的大小应根据转炉的规格来确定。

风口的位置一般与水平面成 3° ~ 75°，风口管过于倾斜或位置过低，鼓风所受的阻力会增大，将使风压增加，并给清理风口操作带来不便。同时，熔体对炉壁的冲刷作用加剧，影响转炉寿命。实践证明，在一定风压下，适当增大倾角，有利于延长空气在熔体内的停留时间，从而提高氧的利用率。在一般情况下，风口浸入熔体的深度为 200 ~ 500mm 时，可以获得最好的吹炼效果。

3.2　转炉附属设备

转炉附属设备由送风系统、传动系统、排烟系统、石英冷料加入系统、残极加料系统、烘烤系统等组成。

3.2.1　供风系统

转炉所需要的空气，由高压鼓风机供给。鼓风机鼓出的高压风经总风管、支风管、联动风闸、活动转头、三角风箱、U 形风管、水平风箱、弹子阀、水平风管后进入炉内。另外，转炉在进行放渣、进料、出炉操作时，炉子需要停风，此时关闭送风阀，风机自动降低负荷。

水平风管把冷风送入炉内，在出口处往往容易发生熔体的凝结，将风口局部堵塞，为了清理方便在水平风箱安装一个弹子阀，钢球可以沿球座倾斜道上下移动，平时在重力和风压的作用下，钢球恰好将钢钎的进出口堵住，当清理风口时，钢钎将钢球顶起，钎子触击黏结物或熔体，将黏结物打掉，抽出钢钎时，钢球自动回到原来位置。

3.2.2 传动系统

转炉炉内是高温熔体，要求传动设备必须灵活可靠、平稳，并能按照需要随时将转炉转到任何位置，而且稳定在该位置上。为了达到上述要求，在转炉传动机构中安装有蜗轮蜗杆装置和电磁抱闸装置，以防止炉子由于惯性而自转。此外，每台转炉一般设有两台电动机：一台为交流电动机，另一台为直流电动机，以保证炉子的正常转动。交流电动机为正常生产时使用的工作电机，而直流电动机为事故备用电机，这两台电机都连接在同一变速箱的主轴上，一旦交流电动机无法正常运转时，直流电动机可立刻启动使风口抬离液面，从而防止风口被灌死，保证安全生产。电动机经变速箱与联轴节和小齿轮连接，然后由小齿轮带动炉壳上的大齿轮，使炉子在托辊上转动。在转炉传动机构中还设有事故连锁装置，当转炉停风、停电或风压不足时，此装置能立即驱动炉子转动，使风口抬离液面，从而防止灌死风眼。

3.2.3 排烟系统

为了保证良好的劳动条件，提高烟气中二氧化硫浓度以利于制酸，在转炉上方设有密封烟罩，烟罩的另一端与排烟管道、余热锅炉、排烟机组成排烟系统，在吹炼作业时烟罩将整个炉口罩盖，烟气经过排烟收尘系统送制硫酸。

目前通用的烟罩有两种，水冷式烟罩和铸铁式烟罩。铸铁式烟罩容易烧坏，且易黏结喷溅物。水冷式烟罩寿命长，黏结现象较轻。为了防止大量的冷空气吸入烟罩内稀释烟气中二氧化硫浓度，在烟罩的前壁下部设有一个可上下活动的密封小车，在进料、放渣、出炉时由卷扬提起，正常吹炼时放下。

为排出在放渣、出炉时产生的烟气，在炉体前部设有可以旋转的旋转烟罩，在放渣、出炉时将包子、炉口罩住，将烟气排出。

转炉用余热锅炉一般采用强制循环、它用于回收烟气中余热及沉降烟尘。余热锅炉的组成部分有：锅炉本体（包括辐射部和对流部）、汽包、锅炉水循环系统、纯水补给系统以及烟尘排出系统等。锅炉的辐射部和对流部里面有大面积的隔膜式水冷壁和蒸发管，纯水在此和高温烟气进行热交换，形成汽水混合物。汽包是汽水混合物分离的场所，产生的蒸汽由汽包上的蒸汽管导出，用于发电等；烟灰排出系统包括振打装置、灰斗、刮板机、回转阀等；有些锅炉没有刮板，在锅炉底部利用灰斗将烟尘收集，定期打开灰斗的底部将烟灰放空。

排烟收尘系统主要设备包括电收尘器、高温排烟机、埋刮板输送机、仓式泵等。

目前金川铜转炉排烟收尘配置板式卧式四电场电收尘器四台，电场有效截面积$50m^2$，电收尘器主要由阴极系统、阳极系统、振打系统、壳体、灰斗、排灰装置、外保温层、高低压电气控制系统组成。

为满足铜转炉负压要求，在每组（两台）电收尘器出口配置排烟机1台，排烟机采用液力偶合器驱动并调速，以便于调节合成转炉的负压。排烟机主要由风机本体、电动机、液力偶合器、稀油站、风机检测柜、风机现场控制箱等组成。

烟灰处理设备主要是由烟灰拉运设备埋刮板输送机和烟灰吹送设备仓式泵组成。

每台电收尘器灰斗下部配置一台埋刮板排灰机，四台埋刮板排灰机将烟灰拉运到配置在球形烟道下部的总刮板输送机，总刮板输送机将烟灰卸入配置在其头部的集尘仓，再用 NCD5.0 仓式泵气力输送到铜合成熔炼炉烟尘仓。仓式泵主要由仓式泵本体及辅件手动双侧插板门、旋转给料机、排堵装置、储气罐、现场控制柜、PLC 控制柜等组成。

3.2.4　石英、冷料加入系统

转炉加熔剂设备应保证供给及时、给料均匀、操作方便、计量准确。为了准确、均匀、方便、及时地将石英、冷料加入转炉内，金川公司采用溜槽法将石英、冷料加入炉内。

溜槽法是在转炉两侧上方各安装一个下料溜槽，溜槽倾斜安装。经过制备的石英冷料经皮带运输机送入转炉两侧后上方的料仓内，再经过转炉两侧水平安装的皮带运输机分别送入两侧的溜槽加入炉内。此种方法加料比较均匀，加料量用水平皮带运输机的运行时间或计量称来控制。

3.2.5　残极加料系统

残极加料系统主要由油压装置、整列机、装料运输机、投入设备和检测器组成。油压装置的附属设备有油过滤器、油冷却器和油加热器等。

3.2.6　烘烤系统

转炉的烘烤有多种方式，可以用木材、液化气和其他燃料进行烘烤，但目前普遍使用的是石油液化气。这种烘烤方式有一些突出的优点：液化气的发热值高、清洁、设备简单、操作简单，最高可将烘烤温度提到 800℃，但液化气的费用较高。

3.3　转炉耐火材料

转炉吹炼的温度在 1150~1300℃之间，炉内熔体在压缩空气的搅动下流动剧烈。对耐火材料的选择有以下要求：耐火度高、高温结构强度大、热稳定性好、抗渣能力强、高温体积稳定、外形尺寸规整、公差小。能满足以上要求的耐火材料是铬镁质耐火材料。

铬镁质耐火材料是以铬铁矿和镁砂为原料而制成的尖晶石—方镁石或方镁石—尖晶石耐火砖，铬铁矿加入量大于 50% 的耐火砖称为铬镁砖，加入量小于 50% 的称为镁铬砖。

铬镁砖中 MgO 易将铬铁尖晶石中的 FeO 置换出来，这些被置换出来的量较多的 FeO 对气氛变化极为敏感，易使砖"暴胀"，其热稳定性也差；而以镁铬砖为主要组成的方镁石和尖晶石，其荷重软化点较高，高温体积稳定性较好，对碱性渣抗侵蚀性强，对气氛变化和温度变化敏感性相对铬镁砖而言却不太显著，但 MgO 置换出的 FeO 仍易使砖"暴胀"损坏。

镁铬砖的品种很多，下面分别进行介绍。

3.3.1　硅酸盐结合镁铬砖（普通镁铬砖）

这种砖是由杂质（SiO_2 与 CaO）含量较高的铬矿与烧结镁砂制成的，烧成温度不高，在1550℃左右。砖的结构特点是耐火物晶粒之间是由硅酸盐结合的，显气孔率较高，抗炉渣侵蚀性较差。高温体积稳定性较差。这种砖按理化指标分为：MGe—20，MGe—16，MGe—12、MGe—8 四个牌号。

硅酸盐结合铬镁砖用于早期产品，为了克服硅酸盐结合镁铬砖的缺点，限于当时的装备水平，只得将镁砂（轻烧镁砂）与铬矿共磨压胚在窑内烧成，用合成的镁铬砂作为原料再制砖，形成"预反应镁铬砖"，这种砖属于硅酸盐结合镁铬砖的改进型。虽然性能有所提高，但仍不能满足强化冶炼的要求，目前很少使用。

3.3.2　直接结合镁铬砖

随着烧成技术的不断发展，目前超高温隧道窑的最高烧成温度已超过1800℃，耐火砖的成型设备——压砖机已越过1000t且能抽真空。对原料进行选矿，使镁砂与铬矿的杂质含量大大降低，为直接结合铬镁砖的产生创造了物质条件。直接结合镁铬砖的特点是：砖中方镁石（固熔体）-方镁石与方镁石-尖晶石（固熔体）的直接结合程度高，抗炉渣侵蚀性好，高温体积稳定性好，现使用广泛。

3.3.3　熔粒再结合镁铬砖（电熔再结合镁铬砖）

随着冶炼技术的要求不断强化，要求耐火砖的抗侵蚀性更好、高温强度更高，从而进一步提高了烧结合成高纯镁铬料的密度，降低了气孔率，使镁砂与铬矿（轻烧镁砂或菱镁矿与铬矿）充分均匀地反应，形成结构很理想的镁石（固熔体）和尖晶石（固熔体），由此生产了电熔合成镁铬料，用此原料制砖称为熔粒再结合镁铬砖，该砖的特点是气孔率低，耐压强度高、抗侵蚀性好、但热稳定性较差，由于熔粒再结合镁铬砖中直接结合程度高，杂质含量少，具有优良的高温强度和抗渣侵蚀性，在转炉上大量使用的就是这种砖。

3.3.4　熔铸镁铬砖（电铸镁砖）

该种镁铬砖采用镁砂、铬矿为主要原料，加入少量添加剂经电炉熔炼、浇注成母砖，然后经过冷却加工制成各种特定形状的砖。这种砖化学成分均匀、稳定、抗渣侵蚀与冲刷特性好，但热稳定性差。要使熔铸镁铬砖取得好的使用效果，必须具有非常好的水冷技术，否则就失去了使用熔铸镁铬砖的意义。尽管熔铸镁铬砖的生产难度大，价格昂贵，但在转炉的关键部位，例如在风口区熔铸镁铬砖的使用是其他耐火砖所无法取代。除了使用耐火砖外，筑炉时还要使用不定形耐火材料，用于填充砖缝，进行整体构筑等。

3.3.5　不定形耐火材料

根据不定形耐火材料的作用和特点可以将其分为以下几种类型：
（1）代替耐火砖的整体构筑材料，如耐火混凝土、耐火塑料和耐火捣打料。

（2）结合用的耐火泥、用来填充耐火砖块的砖缝。

（3）为了保护耐火砌体的内衬在使用过程中不受磨损的耐火涂料。

（4）用来填补炉子局部部位损坏的耐火喷补料，喷补料是在高温时用于喷补损坏的部位，并且与基体立即烧结成一个整体。

这些材料基本上是由两部分组成：

（1）作为耐火基础的骨料，骨料可以由黏土质、高铝质、硅石质、镁质、白云石、铬质和其他特殊耐火材料构成。

（2）作为结合剂用的胶结材料，可以用各种耐火泥、磷酸，磷酸盐、水玻璃、膨润土以及其他有机胶结物。

3.3.6 转炉的砌炉要求

转炉的砌炉要求如下：

（1）炉口部位的耐火砖直接受直投物的冲击和吹炼时含尘烟气的冲刷与侵蚀以及炉口清理机的冲击作用，容易破坏、掉砖，因而选用耐火砖和砌炉时要求耐火砌体的组织结构强度高、有耐磨性、抗冲刷和抗侵蚀性好，最佳的使用效果是炉口与风口的寿命达到同步。

（2）端墙可以按照圆形墙的砌筑方法进行，要求砌墙时在同一层内，前后相邻砖列和上下相邻砖层的砖缝应交错，端墙应以中心线为准砌炉，也可以炉壳做向导进行砌炉，并用样板进行检查。

（3）风口及圆筒部：风口区域是每次砌炉时必须挖补的地方，可以说风口的寿命就是炉寿命，圆筒部在每次砌炉时并不一定要挖补和翻新，而是根据残砖的厚度来决定修补的量。

转炉吹炼的生产实践

4.1 吹炼过程描述

铜锍吹炼的造渣期在于获得足够数量的白铜锍（Cu_2S），但并不是注入第一批铜锍后就能立即获得白铜锍，而是分批加入，逐渐富集。在吹炼操作时，把炉子转到停风位置，装入第一批铜锍，其装入量视炉子大小而定，一般是风口浸入液以下 200mm 左右为宜。然后，旋转炉体至吹风位置，边旋转边吹风，吹炼数分钟后加石英熔剂。当温度升高到 1200~1250℃ 以后，把炉子转到停风位置，加入冷料。随后把炉子转到吹风位置，边旋转边吹风。再吹炼一段时间，当炉渣造好后，旋转炉子，当风口离开液面后停风倒出炉渣。之后再加入铜锍，吹炼数分钟后加入石英熔剂，并根据炉温加入冷料。当炉渣造好后倒渣，之后再加铜锍。依此类推，反复进行进料、吹炼、放渣，直到炉内熔体所含铜量满足造铜期要求时为止。这时开始筛炉，即最后一次除去熔体内残留的 FeS，倒出最后一批渣。为了保证在筛炉时熔体能保持 1200~1250℃ 的高温，以便使第二周期吹炼和粗铜放出不致发生困难，有的工厂在筛炉前向炉内加少量铜锍。这时熔剂加入量要严格控制，同时加强鼓风，使熔体充分过热。

在造渣期，应保持低料面薄渣层操作，适时适量地加入石英熔剂和冷料。炉渣造好后及时放出，不能过吹。

铜锍吹炼的造渣期（从装入铜锍到获得白铜锍为止）的时间不是固定的，取决于铜锍的品位和数量以及单位时间向炉内的供风量。在单位时间供风量一定时，锍品位愈高，造渣期愈短；在锍品位一定时，单位时间供风量愈大，造渣期愈短；在锍品位和单位时间供风量一定时，铜锍数量愈少，造渣期愈短。

筛炉时间是指加入最后一次铜锍后从开始供风至倒完最后一次炉渣之间的时间。筛炉期间石英熔剂加入量应严格控制，每次少加，多加几次，防止过量。熔剂过量会使炉温降低，炉渣发黏，铜含量升高，并且还可能在造铜期引起喷炉事故。相反，如果石英熔剂不足，铜锍中的铁造渣不完全，铁除不净，导致造铜期容易形成 Fe_3O_4。这不仅会延长造铜期吹炼时间，而且会降低粗铜质量，同时还容易堵塞风口使供风受阻，清理风口困难。在造铜期末，稍有过吹，就容易形成熔点较低、流动性较好的铁酸铜（$Cu_2O \cdot Fe_2O_3$）稀渣，不仅使渣含铜增加，铜的产量和直接回收率降低，而且稀渣严重腐蚀炉衬，降低炉寿命。

判断白铜锍获得（筛炉结束）的时间，是造渣期操作的一个重要环节，它是决定铜的直接回收率和造铜期是否能顺利进行的关键。过早或过迟进入造铜期都是有害的。过早地进入造铜期的危害与石英熔剂量不足的危害相同。过迟进入造铜期，会使 FeO 进一步氧化成 Fe_3O_4。使已造好的炉渣变黏，同时 Cu_2S 氧化产生大量的 SO_2 烟气使炉渣喷出。

筛炉后继续鼓风吹炼进入造铜期，这时不向炉内加铜锍，也不加熔剂。当炉温高于所控制的温度时，可向炉内加适量的残极。

在造铜期，随着 Cu_2S 的氧化，炉内熔体的体积逐渐减小，炉体应逐渐往后转，以维持风口在熔体面以下一定距离。

造铜期中最主要的是准确判断出铜时机。出铜时，转动炉子加入一些石英，将炉子稍向后转，然后再出铜，以便挡住氧化渣。倒铜时应当缓慢均匀，出铜后迅速捅风眼，清除结块。然后装入铜锍，开始下一炉次的吹炼。

4.2　作业制度

转炉的吹炼制度有三种：单炉吹炼、炉交换吹炼和期交换吹炼。目前国内多采用单台炉吹炼和炉交换吹炼，只有贵州冶炼厂采用期交换吹炼。其目的在于提高转炉送风时率、改善向硫酸车间供烟气的连续性，保证闪速熔炼炉比较均匀地排放铜锍。

4.2.1　单炉吹炼

如果工厂只有两台转炉，则其中一台操作，另一台备用。一炉吹炼作业完成后，重新加入铜锍，进行另一炉次的吹炼作业。其作业计划如图 4-1 所示。

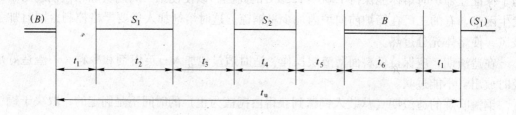

图 4-1　单炉转炉作业计划

图中，t_u：吹炼一炉全周期时间；t_1：前一炉 B 期结束到下一炉 S_1 期开始的停吹时间，在此期间将粗铜放出并装入精炼炉；清理风眼并装入 S_1 期的铜锍；t_2：S_1 期的吹炼时间；t_3：S_1 期结束到 S_2 期开始的停吹时间，期间需排出 S_1 期炉渣以及装入 S_2 期的铜锍；t_4：S_2 期的吹炼时间；t_5：S_2 期结束后到 B 期开始的停吹时间，期间需排出 S_2 期炉渣及由炉口装入冷料；t_6：B 期吹炼时间。

4.2.2　炉交换吹炼

工厂有 3 台转炉的，1 台备用，两炉交替作业，在 2 号炉结束全炉吹炼作业后，1 号炉立即进行另一炉次的吹炼作业，但 1 号炉可在 2 号炉结束吹炼之前预先加入铜锍，2 号炉可在 1 号投入吹炼作业之后排出粗铜，缩短停吹时间。其作业计划如图 4-2 所示。

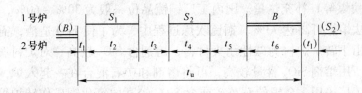

图4-2 炉交换吹炼作业计划

图中，t_u：吹炼一炉全周期时间；t_1：2号炉 B 期结束后到1号炉 S_1 期吹炼开始，期间需进行两个炉子的切换作业；$t_2 \sim t_6$：与单炉连吹相同。

4.2.3 期交换吹炼

工厂有3台转炉的，1台备用，两台作业，在1号炉的 S_1 期与 S_2 期间，穿插进行2号炉的 B_2 期吹炼，将排渣、放粗铜、清理风眼等作业安排在另一台转炉投入送风吹炼后进行，将加铜锍作业安排在另一台转炉停吹之前进行，仅在两台转炉切换作业时短暂停吹，缩短了停吹，其作业计划如图4-3所示。

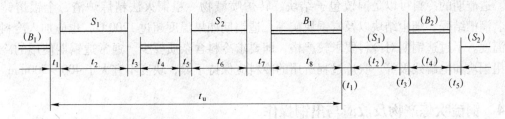

图4-3 期交换吹炼作业计划

图中，t_u：完成一炉吹炼作业全周期时间；t_1，t_3，t_5：两台转炉切换作业的停吹时间；t_2：S_1 期吹炼时间；t_4：B_2 期吹炼时间；t_6：S_2 期吹炼时间；t_7：筛炉闭渣期；t_8：B_1 期吹炼时间。

4.2.4 转炉吹炼制度的选定原则

转炉吹炼制度的选定原则如下：

（1）由年生产任务决定的处理铜锍量，计算出转炉的作业炉次的多少选择吹炼形式。

（2）根据转炉必须处理的冷料量的多少来选择；当然，实际生产中，吹炼形式的选择还应结合转炉的生产状况及上、下工序间的物料平衡来考虑。

4.3 转炉吹炼加料

转炉吹炼低品位铜锍时，热量比较充足，为了维持一定的炉温，需要添加冷料来调节。当吹炼高品位铜锍时，尤其是当铜锍品位70%左右采用空气吹炼时，如控制不当，就显得热量有些不足；如采用富氧吹炼，情况要好得多。当热量不足时，可适当添加一些燃料（如焦炭、块煤等）补充热量。国内工厂铜锍品位一般为 30% ~60%，国外为 40% ~65%，诺兰达法熔炼可高达 73%。铜锍吹炼过程中，为了使 FeO 造渣，需要向转炉内添加石英熔剂。由于转炉炉衬为碱性耐火材料，熔剂含 SiO_2 较高，对炉衬腐蚀加快，降低炉寿命。如果所用熔剂 SiO_2 含量较高，可将熔剂和矿石混合在一起入炉，以降低其 SiO_2 含量。也有的工厂采用含金银的石英矿或含 SiO_2 较高的氧化铜矿作转炉熔剂。生产实践表明，熔剂中含有 10% 左右的 Al_2O_3，对保护炉衬有一定的好处。目前，国内工厂多应用含 SiO_2 90% 以上的石英石，国外工厂多应用含 65% ~80% 的熔剂。石英熔剂粒度一般为 5 ~25mm。当熔剂的热裂性好时，最大粒度可 200 ~300mm。粒度太大，不仅造渣速度慢，而且对转炉的操作和耐火砖的磨损都有影响。粒度太小，容易被烟气带走，不仅造成熔剂的损失，而且烟尘量增大。熔剂粒度大小还与转炉大小有关，例如 8 ~50t 转炉用的石英一般为 5 ~25mm，50 ~100t 转炉一般为 25 ~30mm，不宜大于 50mm。铜锍吹炼过程往往容易过热，需加冷料调节温度，并回收冷料中的铜。加入冷料的数量及种类与铜锍品位、炉温、转炉大小、吹炼周期等有关。铜锍品位低、炉温高、转炉大需加入的冷料就多。通过热平衡计算可知，造渣期化学反应放出的热量多于造铜期，因此造渣期加入的冷料量通常多于造铜期。由于造渣期和造铜期吹炼的目的不同，对所加的冷料种类要求也不同。造渣期的冷料可以是铜锍包子结块、转炉喷溅物、粗铜火法精炼炉渣、金银熔铸炉渣、溜槽结壳、烟尘结块以及富铜块矿等。造铜期如果温度超过 1200℃，也应加入冷料调节温度。不过造铜期对冷料要求较严格，即要求冷料含杂质要少。通常造铜期使用的冷料有粗铜块和电解残极等。吹炼过程所用的冷料应保持干燥，块度不宜大于 400 ~500mm。

4.4 铜锍吹炼产物及放渣与出铜操作

4.4.1 吹炼产物

铜锍转炉吹炼的主要产物是粗铜和转炉渣。粗铜的化学成分见表 4-1。其品位、杂质含量与炼铜原料、熔剂和加入的冷料有关，粗铜需进一步精炼提纯后才能销售给用户。

表 4-1 粗铜的化学成分（质量分数） （%）

序　号	$w(Cu)$	$w(Fe)$	$w(S)$	$w(Pb)$	$w(Ni)$	$Au/g \cdot t^{-1}$	$Ag/g \cdot t^{-1}$
1	98						
2	98.5	0.01 ~0.03	0.01 ~0.4	0.1 ~0.2	<0.2	150	2500
3	99.3	0.1	0.2	0.02	0.055		
4	99.1 ~99.3	0.01	<0.1	0.003 ~0.03	0.03 ~0.3	15	160
5	99.3	0.016	0.022	0.01 ~0.1		30	400
6	99.65	0.0014		0.06	0.033		
7	98.5	0.06	0.1	0.12	0.08	55	1000
8	99.14	0.003	0.022	0.041			

铜锍吹炼产出的转炉渣一般含（质量分数/%）：Cu 2~4，Fe 45~50，SiO$_2$ 21~27。转炉渣含铜高，大都以硫化物形态存在，少量以氧化物和金属铜形态存在。转炉渣可以液态或固态返回熔炼过程予以回收铜，也可采用磨浮法将铜选出以渣精矿的形式再返回熔炼炉。如果铜原料中含钴高时，进入铜锍中的钴硫化物会在吹炼的造渣后期被氧化而进入转炉渣中，这样造渣末期的转炉渣含钴很高，可作为提钴的原料。

转炉吹炼产出的烟气含有 5%~7% SO$_2$，采用富氧时 SO$_2$ 会高一些均可送去生产硫酸。烟气含尘为 26~40g/m^3，收集的烟尘中往往富含 Bi，Pb，Zn 等有价元素，如贵冶收集的烟尘含铋达到 6.6%，这种烟尘可作为炼铋的原料。

4.4.2 排渣操作

转炉放渣作业要求尽量地把造渣期所造好的渣排出炉口，避免大量的白铜锍混入渣包，即减少白铜锍的返炉量。放渣操作的注意事项有：

（1）放渣前沉淀 3~5min。

（2）放渣前，要求下炉口"宽（大于 300mm）、平（防止炉口高低不平）、浅（低于 100mm）"，避免放渣时，渣流分层或分股。若炉口黏结严重，应在停风之后放渣前，立即用炉口清理机快速修整下炉口然后再放渣。

（3）炉前放好渣包。渣包内无异物（至少要求无大块冷料），放渣不要放得太满（渣面离包也沿约 200mm）。

（4）炉前用试渣板判别渣和白铜锍时。要求试渣板伸到渣流"瀑布"的中下层，观察试渣板面上熔体状态，正常渣流面平整无气泡孔。而当渣中混入白铜锍时，白铜锍中的硫接触到空气中的氧气，会生成 SO$_2$，在试渣板渣流面上形成大量的气泡孔，且伴有 SO$_2$ 刺激味的烟气产生。从感观上来看，白铜锍流畅、不易产生断流、其散流呈流线状，不会像渣的散流那样产生滴流，并且白铜锍在试渣板上的黏附相对较少。

（5）渣层自然是浮在白铜锍上面，当炉子的倾转角度取得过大时，白铜锍将混入渣中流出，因而当临近放渣终了时，要小角度地转炉子，缓慢地放渣，如果发现有白铜锍带出时，则终止放渣。

4.4.3 出铜操作

转炉放铜作业要求把炉内吹炼好的铜全部倒入粗铜包中，送入阳极炉中精炼，并且在放铜过程中要避免底渣大量地混入粗铜包中，以保证粗铜的质量。放铜前，确认下炉口"宽且平"避免铜水成小股流出粗铜包之外。放铜用的粗铜包要经过"挂渣"处理，以防高温铜液烧损粗铜包体。放铜之前要求进行压渣作业，将石英石均匀地投入到熔体表面上，小角度地前后倾转炉体，使石英与炉口的底渣混合固化，在炉子出铜口周围形成一道滤渣堤把底渣挡在炉内。压渣过程中，要求注意以下事项：

（1）造铜期结束后要确认炉内底渣量及底渣的干稀状况。如果渣稀且底渣量多，此时炉内表面渣层会出现"翻滚"状况，不易压好渣，待炉内渣层平静后，方可进行压渣作业。

（2）压渣用的石英量可根据底渣状况而定，一般 2t 左右，稀渣可增加到 3~4t，并且压渣用的石英量应计入造渣期的石英熔剂量中。

（3）在石英和底渣的混合过程中，要注意安全，以防石英潮湿"放炮"伤人。

4.4.4　底渣控制

所谓底渣就是粗铜熔体面上浮有一层渣，这种渣称为底渣。主要由残留在白铜锍中的铁会在造铜期继续氧化造渣以及造渣期未放净的渣所组成。底渣中的铜主要以 Cu_2O 形态存在，底渣中的铁约有一半是磁件氧化铁（Fe_3O_4），由于 Fe_3O_4 熔点高（1527℃），使得底渣并不容易在造渣期渣化，久而久之，由于底渣的积蓄，而沉积在炉底、造成炉底上涨（炉底上涨情况要根据液面角判别），炉膛有效容积减小，严重时会使吹炼中熔体大量喷溅，无法进行正常的吹炼作业，因而平时作业要求控制好底渣量。

4.5　转炉的开、停炉作业

转炉经一定生产运转周期后，内衬及各部位有局部或全部被损坏，需要进行局部修补或全部重新砌筑，经修补或重砌的转炉要组织开炉工作。

4.5.1　开炉

开炉作业首先是烘炉。其目的是除去炉体内衬砖及其灰浆中的水分，适应耐火材料的热膨胀规律，要求以适当的升温速度，使炉衬的温度升至操作温度。如果升温速度过快，使黏结砖的灰浆发生龟裂而削弱黏结的强度，而且会使砖衬材质中的表内温度偏差太大，会出现砖体的断裂和剥落现象，缩短炉衬的使用寿命，因此，必须保持适当的升温速度，使砖衬缓慢加热，炉体各部位均匀地充分膨胀。但是，也不宜过慢升温，过慢会造成燃料和劳力等浪费，且不适应生产的需要，一般来讲，全新的内衬砖（指钢壳内所有部位炉衬全部使用新砖砌筑）需要 3~4 天升温时间，风口区内砖挖修后的升温需要 4 天时间。炉口部挖修的炉衬需烘烤 3 天即可投料作业。转炉预热升温是依靠各台转炉炉后平台上设置的燃烧装置来实现的。通过风口插入烧嘴，使炉内砌体砖的表面温度达到 1000℃时，就可以投料作业。

投料前应熄火停止烘炉，取出烧嘴，按规定放置好。用大钎子清一边风口，然后将炉口前倾至 60°位，往转炉内进热铜锍，进第一炉时，由于炉内温度较低应尽快将料倒完，并及时开风，避免炉内铜锍结壳造成开风后喷溅严重。所以第一炉吹炼应以提高炉衬温度为主，一般不加入冷料，造铜期应采取连续吹炼作业方式。

4.5.2　停炉

当转炉内衬残存的厚度风口砖普遍小于 100mm，风口区上部、上炉口下部砖小于 200mm，两侧炉口左右肩部砖小于 150mm，端墙砖小于 150mm 时就应有计划地停炉冷修。若继续吹下去容易烧损炉壳或炉砖底座，一旦出现此类故障，将会给检修带来许多麻烦，不仅增加了维修工作量，还往往因为检修周期延长而影响两炉间的正常衔接，从而影响生产任务的顺利完成。从筑炉方面考虑，由于炉壳烧损而无法提温洗炉，大量底渣堆积于炉衬表面，增大了挖修的劳动强度，同时也影响到砌筑的质量，由于结渣多，一些炉衬的薄弱点凹陷部位不易发现，造成该挖补的地方未能挖补，这样就给下一炉期的安全生产留下了事故隐患。一旦停炉检修计划已经定出，为了确保检修进度及其质量，最先要进行高标准的洗炉工作。所谓洗炉，顾名思义就是要消除干净炉衬表层的黏结物，使炉衬露出本体见到砖缝。

4.5.3 洗炉作业进程

洗炉作业进程如下：

（1）提前一星期加大熔剂的修正系数，增加熔剂量的同时，适当控制冷料加入量，使作业温度适当地提高，将炉衬表面黏结的高铁渣（Fe_3O_4）逐渐熔化掉。

（2）最后一炉铜的造渣作业再次加大熔剂加入量，并再次控制冷料投入量，使炉温进一步提高，而且造铜期应连续吹炼，使炉膛出现多个高温区，加速炉衬挂渣的熔化，为集中洗炉准备条件。

（3）集中洗出最后一炉铜，加入造渣期所需铜锍量后，加大熔剂量约为平时的1.5倍，少加或不加冷料进行吹炼。要求将造渣终点吹至白铜锍含铜达75%～78%，含铁在1%，然后将渣子尽可能排净，倒出白铜锍，可以将几台炉子洗炉时倒出白铜锍合并在一台炉中进入造铜期作业。

转炉集中洗炉倒出铜锍后，应仔细检查洗炉效果，若已见砖缝，炉底无堆积物则为良好，经冷却三天后交筑炉进入炉内施工，若这次洗炉效果不理想，炉底有堆积物，风口砖缝仍看不到时，应再次洗炉重复以上操作。

4.5.4 洗炉过程注意事项

洗炉过程注意事项如下：

（1）洗炉过程是高温作业过程。由于炉衬已到末期，应注意对各部炉体壳的点检，见到发红部位，应采用空气冷却，不可打水冷却，防止钢壳变形或裂缝。

（2）洗炉造渣终点尽可能吹老些，便于并炉后安全地进入造铜期作业。

（3）洗炉放渣后，白铜锍并炉时，倒最后一包白铜锍时应尽可能将炉膛内残液全部倒净（炉口朝正下方约为140°～290°位置范围内往复倾转多次直到确认液滴停止为止），然后将炉口上倾至60°位置，自然冷却。一般讲需要三天时间，夏季需要四天自然冷却，方可交给筑炉施工。同时把安全坑内杂物全部清理干净，空出施工现场，然后按预先制订的停修方案，逐项付诸实施。

4.6 转炉吹炼过程中常见故障及处理

4.6.1 转炉喷炉原因及处理

4.6.1.1 因磁铁渣引起的喷炉事故

由于在造渣时投入的石英熔剂量不足，致使部分FeO无法与SiO_2造渣，而继续氧化成

Fe_3O_4 生成磁铁渣。这种磁铁渣密度大黏度高、流动性差，当温度降低时使鼓入炉内的气体不易穿透熔体表面渣层，鼓入的气体在熔体内愈积愈多，当气压大大超过上层熔体的静压时，就会引起喷炉事故。这种事故可以追加半包或一包热铜锍，且加入足够量的石英熔剂后继续进行吹炼作业，使磁铁还原造渣。

4.6.1.2　造渣期石英加入过量而引起的喷炉事故

因石英加入过多，会使渣性恶化，渣黏度增大，且易在渣表层形成一层絮状物（游离态的石英），致使气体不易排出，造成喷炉事故。这时可追加热铜锍继续吹炼，少加石英改变渣型选出良性渣。

4.6.1.3　造铜终点前的喷炉事故

造渣期的渣型不好，未排尽渣就强行进入造铜期。当接近造铜终点时，熔体中的硫含量不断减少而使反应热越来越少，这时若熔体表面渣层厚，随着熔体厚度不断降低而渣的黏度加大，把大量气体阻挡在熔体里面，超过一定的限度时便会喷炉。

发现这种喷炉迹象时，立即将炉子倾转到0°后用残极加料机投入适量的残极以破坏渣层的凝结性，排放出积压的气体，或把一些木柴推入炉膛，使渣层与木柴搅拌在一起，木柴燃烧产生的 CO_2 和热量可破坏渣层的凝结性，此时送风量宜稍为降低，且调整炉子吹炼的角度；另外也可停风，倒出底渣后，再继续吹炼。

4.6.1.4　冷料投入多而引起喷炉事故

无论造渣期或造铜期，若冷料一次性投入太多，会引起熔体表面温度偏低，熔体黏度大，送风阻力大，往往夹带着熔体呈团块状喷出炉口。这时应及时修正冷料加入量，适当降低送风量，加大用氧量，调整炉子的送风角度，应尽快促使熔体温度回升，待正常后可恢复以前的作业状况。

4.6.2　粗铜过吹时的特征、原因及处理

粗铜过吹时，烟气消失，火焰暗红色，摇摆不定，炉后取样的黏结物表面粗糙无光泽，呈灰褐色，组织松散，冷却后易敲打掉。这是由于对造铜终点判断失误，或因炉倾转系统故障造成铜终点已到不能及时转炉停风所致。

处理粗铜过吹的措施有：

将高品位固态铜锍（最好采用固态白铜锍）或热铜锍加入炉内进行还原反应，根据"过吹"程度来确定加入的数量。若加入的热铜锍过多时，可继续进行送风吹炼，直到造铜终点。

粗铜"过吹"后，用铜锍进行还原。其反应主要是粗铜中 Cu_2O 和渣中 Fe_3O_4 与铜锍中的 FeS、Cu_2S 的反应，这些反应几乎在同一瞬间完成，释放大量的热能，使炉内气体体积迅速膨胀，气压增大至一定程度，就会形成巨大的气浪冲出炉外。因此"过吹"铜还原时一定要注意安全，还原要慢慢进行，不断地小范围内摇动炉子，促

使反应均匀进行。

4.6.3 熔体过冷的原因及处理

因停电或设备故障等原因造成转炉进料后无法吹炼或续吹，若保温不当且超过 6h 后，会使熔体表面冻结成厚壳。向熔体内投冷料过多、热量收支失衡，造成炉内熔体冻结或局部凝结成团，无法倾出炉口。这些熔体过冷的现象主要表现为炉膛发暗红或黑色，黏稠且很快会凝结。

当熔体过冷的现象发生后，可在液面角允许的范围内最大限度地追加热铜锍后立即送风吹炼，增加富氧率，推迟加入石英熔剂的时间，修正冷料加入量，必要时可以不加冷料吹炼，以确保炉内反应正常进行。

4.6.4 炉渣发黏的原因及处理

铜锍造渣吹炼到终点，白铜锍中残留的 FeS 含量约为 $1.0\% \sim 2.0\%$ 时，而未及时放渣，造成渣中产生大量的磁性氧化铁。并且渣层温度降低，渣流动性变差，倒入渣包易黏结，渣较厚、过吹渣冷却后呈灰白色，喷出时正常渣呈圆而空的颗粒，过吹渣呈片状，同时喷出频繁。或石英熔剂加入太多，加入的时间不当，或加入的冷料过多，都会产生黏渣。

发生黏渣现象后尽快把渣放出来，且根据黏渣原因，可以追加适量的热铜锍，调整石英熔剂量和冷料量，适当地缩短吹炼时间等措施来解决。

4.7 转炉操作过程中疑难问题处置

4.7.1 解决冰铜在吹炼过程中无法造渣难题

造成转炉吹炼过程中不能正常造渣的原因如下：

（1）转炉吹炼时的热平衡条件被破坏。

因上道工序生产不正常或是相关配套设备不正常，冰铜排放或是进料速度跟不上转炉正常的生产需求，转炉处于较长时间的待料状态，致使备料前期进入转炉的冰铜热量损失严重，导致温度下降，当转炉断断续续的进够转炉开风所需的冰铜量开风吹炼并及时加入石英后，因炉温过低，炉内氧化反应进度很慢，使得反应放出的热量与开风吹炼后带走的热量及自然传导降温等产生的热损失无法现成平衡，最终导致吹炼无法正常造渣，吹炼被迫中断。

因转炉在一周期吹炼过程中操作炉长不能正确"判断和掌控"转炉，对转炉所处的状态缺乏了解，一次错误的加入过多的冷料、石英或是冷铜，导致炉温急剧降低（俗称之为加死炉子），导致转炉热平衡被破坏而无法造渣。

（2）转炉吹炼时因冰铜品位过高而很难造渣。

正常生产过程中一般控制熔炼炉冰铜品位 65% 以下，这对具有熔炼炉和吹炼炉生产配置的铜冶炼企业是有利的。但在同样配置的炼铜企业中，一旦将冰铜品位控制超过 65% 以上时，或多或少的会出现转炉造渣困难的问题。其主要原因是因为冰铜品位的上升导致了冰铜中 FeS 含量的降低，当转炉进够所需的冰铜量开风吹炼，按需要加入熔剂进行造渣时发现还未待炉温逐步升起或炉内生成一定量的流动性较好的炉渣时，就会发现不论是从火焰还是钎样，不论是炉口翻花状况还是取渣板样进行观察，炉子均已表现出二周期吹炼时的各种表象。但是此时炉内产生的所谓的炉渣却根本无法从炉口放出，若就此强行转入二周期进行吹炼，随着吹炼的逐步进行，则会出现造铜期后期炉口向外鼓渣，或是出现转炉严重憋风、捅风眼困难、炉口火焰发红、摇摆无力等现象。当吹炼后期烟气量减少后从炉口取样时，发现炉内熔体表面有一层厚厚的固体颗粒形成的"干渣"。

处理措施：

在处理上述问题时切忌频繁开、停风转动炉体以避免炉内热量无谓的损失；在炉况允许的情况下一次多进热量，不加或少加冷料，熔剂加入要求精、准，做到勤加、少加、多次加，绝不能出现缺熔剂现象；适当提高送风氧气浓度，组织炉后强制送风以尽快地提高炉温，同时按照当前冰铜品位情况进行必要的计算，在当前的送风（氧）状况下，炉内进入冰铜中铁量能造多少渣，需要多少时间，争取达到所需时间后一次转过炉子放渣。

（3）操作炉长不能准确把握造渣时机而导致造渣失败。

操作炉长对加入熔剂的时机把握得不好，导致炉况恶化而无法正常造渣。该现象往往表现为第一批开风吹炼所需的冰铜后进入炉内开风后，不能及时的加入熔剂，致使炉内熔体中 FeS 的含量逐步降低，而与此同时 FeS 氧化生成的 FeO 量呈逐步上升态势，此时若无熔剂及时与之造渣，FeO 会进一步氧化生成 Fe_3O_4，当 Fe_3O_4 含量逐步增多过程中仍未采取补救加入熔剂，则会使炉况逐步恶化，导致转炉出现憋风、风压升高，风量降低，捅风眼困难等。

操作炉长存在不良的操作习惯，比如不论冰铜品位的高低、冰铜温度的高低、转炉炉况的具体情况、炉子送风状况是否正常等影响转炉正常生产作业的因素，在加入熔剂时做不到精、准、细的加入，炉子需要分多个批次加入的量被一次或是两次加入，对转炉的正常、高效作业产生了不利影响。具体表现为炉子反应进度缓慢、提温困难，冷料处理量少等。

4.7.2　如何防止转炉"恶喷"

"恶喷"是因为操作炉长未按转炉吹炼基本工艺控制条件操作而产生的一种"极端"严重的高温熔体喷溅现象。

4.7.2.1　转炉吹炼液面控制过高

表象：

主要是因为炉内熔体液面已明显超过炉子工艺设计要求的液面，导致转炉在开风吹炼时熔体在高压风的搅拌下剧烈运动时与炉口的距离过近，导致熔体喷出炉口的一种现象。

处理措施：

当生产中遇到此种情况时应及时将炉口转出，联系吊车坐冰铜包将过多的熔体倒出后即可得以解决。

4.7.2.2　转炉吹炼液面控制过低

表象：

当炉内进料量过少，远远达不到炉子工艺设计所需液面，在此种情况下转炉开风吹炼，往往在转出吹炼角度时风口仍不能正常没入液面，需要进一步向后转动炉体方可勉强吹炼。在此种情况下由于炉内液面过低，风口在正常送风量不变的情况下受到的静压力明显偏低，这就导致了熔体被高压风大量吹出炉口的现象，形成"恶喷"。此种情况若不能及时转过炉子停吹，往往会导致高温熔体被吹到转炉余热锅炉，将锅炉刮板链条"铸死"。

处理措施：

当发现此种情况出现后要立即将转炉前转后停风，待炉子进够足够量的冰铜后再开风吹炼。

4.7.2.3　送风量过高而导致的"恶喷"

表象：

在实际生产中由于操作炉长的疏忽或是对炉子基础知识的缺乏，在给转炉送风时将送风量设定的过大，明显超过转炉设计送风流量。在此种情况下开风吹炼，也会导致炉子"恶喷"现象的发生。

处理措施：

当发现出现此类现象时应及时将送风量调整到工艺要求的范围内即可解决问题。

4.7.2.4　因炉温过低而导致的"恶喷"

表象：

无论造渣期或造铜期，若冷料一次性投入太多，或是加入冷料块过大会引起熔体表面温度偏低，熔体黏度大，送风阻力大，往往夹带着熔体呈团块状喷出炉口。

处理措施：

及时修正冷料加入量，适当降低送风量，加大用氧量，调整炉子的送风角度，应尽快促使熔体温度回升，待正常后可恢复以前的作业状况。

4.7.2.5　炉子送风不均匀

表象：

由于炉况因各种原因恶化，转炉出现明显的"死风眼"现象，"死风眼"现象的存在导致了炉内风口各部位出现供风不均匀现象，不均匀的供风使得炉内熔体搅拌处于极端无序状况之下，易导致转炉炉口出现间断性的喷溅现象。

处理措施：

出现此种情况后操作炉长应尽可能实施低液面、薄渣层、送风量适当降低、适度提高作业温度等操作办法来缓解出现的不利局面。

4.7.2.6　造渣期石英加入过量

表象：

因石英加入过多，会使渣性恶化，渣黏度增大，且易在渣表层形成一层絮状物（游离态的石英），致使气体不易排出，造成喷炉事故。

处理措施：

这时可追加热铜锍继续吹炼，少加石英改变渣型选出良性渣。

4.7.2.7　筛炉不彻底导致造铜终点前发生喷炉现象

表象：

造渣期的渣型不好，未排尽渣就强行进入造铜期。当接近造铜终点时，熔体中的硫含量不断减少而使反应热越来越少、这时若熔体表面渣层厚，随着脱硫的深入，炉内熔体厚度不断降低，且有一定量的 Cu_2O 产生，原渣中 FeO 进一步氧化成为 Fe_3O_4 而导致渣的黏度加大，把大量气体阻挡在熔体里面。超过一定的限度时便会喷炉。

处理措施：

转过炉子，将炉内渣尽可能放出，然后恢复吹炼，且必须确保风口没入熔体深度为正常状态。

4.7.2.8　转炉一周期渣过吹

表象：

由于在造渣时投入的石英熔剂量不足，致使部分 FeO 无法与 SiO_2 正常造渣，而继续氧化成 Fe_3O_4 生成磁铁渣。这种磁铁渣密度大黏度高、流动性差，当温度降低时使鼓入炉内的气体不易穿透熔体表面渣层，鼓入的气体在熔体内愈积愈多，当气压大大超过上层熔体的静压时，就会引起喷炉事故。

处理措施：

这种事故可以向炉内缓慢追加半包或一包热铜锍，且加入足够量的石英熔剂后继续进行吹炼作业，使磁铁还原造渣后放。

4.7.3　如何防止和处理转炉渣过吹

4.7.3.1　转炉渣过吹的机理

冰铜中的 FeS 在高温状态下与鼓入炉内空气（富氧空气）中的氧发生反应：

$$2FeS + 3O_2 \longrightarrow 2FeO + 2SO_2$$

$$\Delta_r H_m^{\ominus} = + 935.484 \text{kJ}$$

反应生成的氧化亚铁在高温状态下与加入炉内的熔剂发生造渣反应产生炉渣：

$$2FeO + SiO_2 \Longrightarrow 2FeO \cdot SiO_2$$

$$\Delta_r H_m^{\ominus} = +92.796kJ$$

随着吹炼的进行，当铜锍中 Fe 的含量降到 1% 以下时，也就是 FeS 几乎全部被氧化之后，Cu_2S 开始氧化的进入造铜期。但随着产生的炉渣量的逐步增加或是操作炉长未能准确地将炉子风口没入冰铜层，致使生成的炉渣进一步与鼓入渣中的空气发生反应，使炉渣过氧化后生成四氧化三铁，因四氧化三铁熔点高，在转炉正常吹炼温度下黏度增大（作比喻），使得鼓入渣中的气体不能按正常的速度溢出，使炉渣形成"泡沫"状态，严重时鼓出炉口形成"恶喷"。

4.7.3.2　防止过吹的措施

薄渣层操作：

（1）薄渣层操作、防止转炉造渣期压渣操作，渣层厚度最厚不超过 300mm。

（2）操作炉长须对自己操作转炉的送风量、富氧浓度、吹炼温度、操作液面等做到精准控制，要确保风口必须没入冰铜层至少 200mm 以上的深度。

4.7.3.3　过吹后的处理措施

过吹后的处理措施如下：

（1）当发现炉口火焰颜色发亮，有片状熔体喷出炉口且显得轻飘无力，此时炉内渣已有了轻微过吹，炉长应立即启动向前转动炉口操作，但必须掌握好停风时机，防止高温熔体倒灌入风管使得事故扩大。

（2）当炉口正常转到进料位置并停风后，炉长应立即找木材、煤块、电极糊等含有"炭"等具有还原作用的材料或是物资从炉口加入炉内，将产生的泡沫渣内的气体"放出"。

联系向炉内加入一定量的热冰铜对过氧化的四氧化三铁还原成氧化亚铁，然后将炉内渣尽可能的排出。

（3）根据炉子当时的吹炼进度具体采取再进料或是其他吹炼操作方法逐步恢复转炉正常操作。

4.7.3.4　转炉渣过吹的危害

转炉渣过吹的危害如下：

（1）转炉渣过吹存在重大安全隐患。轻微的过吹只有采取适当的措施将过吹渣还原并排出炉内，恢复正常的生产操作即可。

（2）转炉渣严重过吹时转炉炉口会产生严重的"恶喷"现象，高温泡沫渣象"瀑布"一样从炉口溢出，导致转炉本体设备设施和操作人员处于极端危险的环境中。

（3）转炉渣过吹会导致转炉吹炼中断、现场产生操作环境极端恶劣等负面影响。

（4）过吹的转炉渣具有高氧势，对转炉炉衬具有较强的侵蚀作用。

4.7.4 转炉生产作业模式探索

4.7.4.1 转炉作业模式种类

转炉作业模式种类如下：

（1）单炉吹炼作业模式：如工厂只有两台转炉，则其中一台操作，另一台备用。一炉吹炼作业完成后，重新加入铜锍，进行另一炉次的吹炼作业。

（2）炉交叉作业模式：工厂有 3 台转炉的，1 台备用，两炉交替作业，在 2 号炉结束全炉吹炼作业后，1 号炉立即进行另一炉次的吹炼作业、但 1 号炉可在 2 号炉结束吹炼之前预先加入铜锍，2 号炉可在 1 号投入吹炼作业之后排出粗铜，缩短停吹时间。

（3）期交换作业：工厂有 3 台转炉的，1 台备用，两台作业，在 1 号炉的 S_1 期与 S_2 期间，穿插进行 2 号炉的 B_2 期吹炼，将排渣、放粗铜、清理风眼等作业安排在另一台转炉投入送风吹炼后进行，将加铜锍作业安排在另一台转炉停吹之前进行，仅在两台转炉切换作业时短暂停吹，缩短了停吹时间。

4.7.4.2 转炉 3H2B 作业模式优点

转炉 3H2B 作业模式优点如下：

（1）热利用率较高，可以加大含铜杂料的处理，提高粗铜产量。

（2）周期交错，3 台转炉作业时间均匀。

（3）炉膛温度变化小，有利于提高炉寿命。

（4）单日炉数高，可超过 8 炉。

（5）闪速炉沉淀池时间均匀，更趋于连续。

（6）闪速炉沉淀池比较稳定。

（7）闪速炉渣口排渣均匀，消除排渣的大幅波动。

（8）避免 2 台转炉同时处在 B 期，造成蒸汽流量过大，压力升高。

（9）硫酸系统避免了烟气流量，SO_2 浓度波动过大和 2 个 B 期同时作业，造成烟气处理能力不足，转换器温度，尾排超标，低空污染。

（10）防止对制氧站的用氧不均匀，即 2 个 S 期时氧气不足，2 个 B 期时氧气过剩。

（11）行车作业负荷均匀。

4.7.4.3 实现 3H2B 组织模式措施

实现 3H2B 组织模式措施如下：

（1）提高送风量，提高送风氧浓度。

（2）提高冰铜品位：冰铜品位的确定应根据转炉的能力确定，在能力有富余的时候可以选择较低的冰铜品位，这有利于合成炉的操作和冷料的处理，正常情况下应控制在 60% ±2% 进行控制。

（3）缩短 S_1 期开始至 B 期结束之间的时间，合适的风量、氧浓度、冰铜品位、炉况能缩短吹炼时间。控制 S_1 期放渣及 S_2 进料时间，S_2 放渣及加冷料时间。

（4）3台转炉作业时间要同步缩短，作业时间要控制均匀。

（5）提高残极加料机组的能力，适应冷杂铜的处理。

（6）减少设备故障。

（7）炉长要严格控制作业时序，炉前、吊车、作业必须保障转炉作业时序的进行。

（8）要求合成炉炉前必须确保两个冰铜口放铜，放铜间隔时间控制在 $15 \sim 25min$。

（9）阳极炉必须保证转炉 B 期结束后可以正常接收粗铜。

4.7.5 3H2B 作业模式对相关岗位的要求

3H2B 作业制度的顺利设施，需要各岗位间的密切配合，如何一个岗位出了问题都会影响作业制度的正常进行，因此对各岗位做出了具体要求，通过对相关岗位的严格要求，来保证 3H2B 作业制度的顺利实行，以此来维持转炉稳定生产及各系统的运转均衡。

4.7.5.1 3H2B 作业模式对合成炉炉前的要求

3H2B 作业模式对合成炉炉前的要求如下：

（1）对照转炉作业时序安排炉前放铜，保证及时供料而又不长时间等待进料。

（2）要求吊车、转炉炉长保持密切的联系，及时了解岗位作业进度情况，协调进料。

（3）检查冰铜放出各个环节，把握放铜进度，合理安排放铜口，严格控制放铜带渣，尽可能连续稳定的放铜，排渣，保持沉淀池熔体面和渣口流量的稳定。

（4）合理安排吊车吊运，保证转炉按时开风，力争缩短开风时间。

4.7.5.2 3H2B 作业模式对吊车的要求

3H2B 作业模式对吊车的要求如下：

（1）在 3H2B 作业中，吊车作业的效率直接影响到转炉作业时序的正常进行和一周期冷料的产率，为此吊车要严格按转炉作业时序安排吊运作业，保证转炉按计划正常开风。

（2）要求合理安排吊车吊运不同物料的顺序和吊车间的运行方式，提高作业率，尽可能使主厂房内各种物料吊运顺畅进行。

（3）制定吊车作业制度，摸索吊车最佳作业方式。

（4）合理安排冰铜包子的使用，保证包子的正常使用。

（5）对主厂房内低空污染、安全、合成炉炉前及转炉作业进行有效的监控。

4.7.5.3 3H2B 作业模式对转炉炉长的要求

3H2B 作业模式对转炉炉长的要求如下：

（1）要求转炉炉长不但要控制好自己的炉子，还要了解其他炉子的吹炼状态，每个炉长要严格按作业计划和时序进行吹炼，发生时序错位后要采取措施赶回，或者由生产协调人员及时调整计划时序。

（2）及时通知上道工序炉前放料，遇到故障时及时与上道工序联系。

（3）及时通知吊车吊运物料，严格控制各种物料的加入，严格控制炉况、炉温，控制粗铜质量。

（4）加强操作过程（吹炼时间、开停风时间），合理安排冷铜加入时机，提高送风时率，控制好炉况。

4.7.6　如何提高转炉寿命

4.7.6.1　炉衬损坏的原因

机械力的作用、热应力的作用、化学侵蚀是炉衬损坏的主要原因：

（1）在吹炼过程中，转炉炉衬在机械力、热应力和化学侵蚀的作用下逐渐遭到损坏。

（2）工厂实践指出，转炉炉衬的损坏大致分两个阶段：第一个阶段，新炉子初次吹炼（即炉龄初期）时，炉衬受杂质的侵蚀作用不太严重，这时受热应力的作用炉衬砖掉块掉片较多，风口砖受损严重。第二阶段，炉子工作了一段时间（炉龄后期），炉衬受杂质侵蚀作用较大，砖面变质。

实践表明，炉衬各处损坏的严重程度不同，首先炉衬损坏最严重的部位是风口区和风口以上区，其次是靠近风口两端墙被熔体浸没的部分，炉底和风口对面炉墙损坏较轻；在造铜期，炉衬损坏比造渣期严重。采用富氧空气吹炼时，炉衬损坏比采用空气时严重。炉衬损坏的原因很多，归结起来主要是由机械力、热应力和化学侵蚀三种力作用的结果。

4.7.6.2　转炉使用的耐火材料

转炉使用的耐火材料有以下几种（碱性）：

（1）硅酸盐结合镁铬砖（普通镁铬砖）。

（2）直接结合镁铬砖。

（3）熔粒再结合镁铬砖（电熔再结合镁铬砖）。

（4）熔铸镁铬砖（也称电铸镁砖）。

（5）不定形耐火材料。

4.7.6.3　提高炉寿命的措施

提高炉寿命的措施有：

（1）提高耐火砖、砌炉和烤炉质量：在渣线和容易损坏的部位砌优质 Mg-Cr 砖有较好的抗损坏效果。

（2）严格控制工艺条件：控制造渣期的温度在 1200 ~ 1300℃ 范围内，控制合适的渣含硅 18% ~ 22%；当炉温偏高时及时地分批加入冷料、在加入石英熔剂时要防止大量集中加入，以免炉温急剧下降。

（3）及时放渣和出铜，勿使过吹，减少砖体的侵蚀作用。

（4）当炉衬局部出现损坏时，可采用热喷补等措施补炉。

（5）从炉体结构角度看，适当增大风眼管直径和减少风眼数量、可以降低风眼区炉衬的损坏速度。适当增大风眼与端墙的距离，可以减缓端墙的损坏。

4.7.6.4 Fe_3O_4 护炉基本原理

冰铜吹炼为周期性作业，在造渣期，FeS 被鼓风氧化：

$$2FeS + 3O_2 === 2FeO + 2SO_2 \qquad (4-1)$$

生成的 FeO 与石英熔剂结合进入渣相：

$$2FeO + SiO_2 === 2FeO \cdot SiO_2 \qquad (4-2)$$

在造渣期，式（4-1）进行得十分迅速，而式（4-2）在温度低于 1220℃ 时却进行得比较缓慢，而且 FeO 熔体与 SiO_2 固体接触不良，致使式（4-2）的 FeO 造渣过程成为最薄弱的环节。那些来不及造渣的 FeO，在鼓风作用下进一步氧化为磁性氧化铁：

$$6FeO + O_2 === 2Fe_3O_4$$

4.7.6.5 低硅渣结合 Fe_3O_4 护炉操作法

Fe_3O_4 护炉的具体操作步骤如下：

在第一炉出炉时加入适量石英，实施闭渣出炉；然后下进一炉料，进入一周期吹炼，造渣，使 FeS 氧化生成 FeO，与上炉闭渣的石英进行造渣反应，生成 $2FeO \cdot SiO_2$，控制渣含 SiO_2 在 18% ~21% 之间，排出炉渣，继续吹炼，筛炉期严格控制石英的加入量，把握好时机净渣后，使剩余部分 FeS 氧化生成 FeO，进一步过氧化生成 Fe_3O_4 保护层覆盖在耐火材料表面形成保护层，进行挂炉操作。

Fe_3O_4 护炉的具体操作流程如下：进料→造渣→净渣→挂炉吹炼（生成 Fe_3O_4）→进入二周期吹炼→闭渣出炉（加入石英）。

根据上述流程，循环操作，实施挂炉作业。

4.7.7 转炉加冷料时机的把握与判断

4.7.7.1 一周期冷料加入时机的判断与把握

一周期又称之为造渣期，其反应机理为：

$$2FeS + 3O_2 === 2FeO + 2SO_2 + Q$$

$$2FeO + SiO_2 === 2FeO \cdot SiO_2 + Q$$

操作炉长要根据上道工序备料速度和提供的冰铜品位作为加入一周期冷料的重要依据。若备料速度快，冰铜品位相对较低时，转炉将所需开风吹炼的热冰铜被够时在开风前是转炉加入冷料的最佳时期。

在第一遍渣造好后，视当时炉温的高低、炉内冰铜品位及冰铜量以及第二批热料量的具体情况，此时应视为加入冷料的关键时期。

当转炉造好第二批渣后，转炉即将进够热冰铜的情况下，即便是此时炉温较高，在加入冷料时也须高度关注，加入冷料量要求做到精准把握，要防止冷料加入过多导致炉温过低，在筛炉即将到来之前造成炉温低，筛炉不彻底的情况发生。

4.7.7.2 二周期冷铜加入时机的判断与把握

二周期又称之为造铜期，其反应机理为：

$$2Cu_2O + Cu_2S \Longrightarrow 6Cu + SO_2 + Q$$

$$2Cu_2S + 3O_2 \Longrightarrow 2Cu_2O + 2SO_2 + Q$$

筛炉期是转炉炼铜整个作业炉期温度最高的一个时期，刚转入二周期的同时也是炉内白冰铜热焓值最高的一个时期。当转炉转入二周期时是转炉加入冷铜最好的一个时期。

当第一批冷铜融化完，温度有所恢复时，是加入冷铜的重要时期。

当发现钎样来铜、炉口来花时操作炉长须高度关注冷铜加入前的温度状况和加入量，防止将炉子加死或造成炉子达到造铜终点后温度过低情况的出现。

4.7.7.3 冷料加多的处理

当一周期冷料加多导致炉温过低时的处理方法和措施如下：

（1）炉温降低不严重，存在轻微憋风现象时应通过加强送风，适度提高富氧浓度、分批次少量的加入熔剂的措施来予以处理。

（2）当加入冷料过多，炉温严重偏低、憋风严重时应及时联系加入一包热冰铜，并采取加强送风，适度提高富氧浓度、分批次少量的加入熔剂的措施来予以处理。

（3）当炉温严重偏低且炉内液面较高，不适宜进热冰铜时，应联系相关岗位将炉内低温冰铜倒出一包，再进入一包热冰铜，辅助采取加强送风，适度提高富氧浓度、分批次少量的加入熔剂的措施来予以处理。

4.7.8 炼铜转炉造渣、筛炉、粗铜吹炼终点的判断与控制

转炉在吹炼过程中要重点控制好造渣、筛炉、粗铜吹炼终点。转炉吹炼分为造渣期和造铜期。所谓造渣期实际是一个脱铁的过程，进入造渣期后须根据炉内液面高低、喷溅情况、火焰颜色等调整好炉子的吹炼角度；必须随时检查风压、风量是否符合工艺要求、检查相关供风设备设施是否存在漏风，是否紧固；随着吹炼的进行须及时加入石英石熔剂进行造渣，石英石的加入量可根据冰铜量、冰铜品位、石英熔剂中 SiO_2 的含量、炉温以及转炉渣中的 SiO_2 含量进行加入，可根据以下公式进行计算。

4.7.8.1 造渣终点的判断与控制

A 根据各种数据进行计算加入熔剂

根据以下公式进行计算：

$$G = A/H \times B/N$$

式中　G——石英石熔剂的加入量；

　　　A——冰铜中的含铁量；

　　　H——转炉渣中的含铁量；

　　　B——转炉渣中的 SiO_2 量；

　　　N——石英熔剂中含 SiO_2 的质量分数。

B　根据火焰颜色进行判断

只要冰铜中的 $w(Cu) + w(Fe) + w(S) > 90\%$，火焰颜色是固定的，正常的。火焰颜色由红棕色变成浅蓝色或是淡绿色。当石英熔剂加入炉内后，火焰颜色为棕红色和浑浊的草绿色。当炉内石英熔剂基本加够时，转炉渣中含 SiO_2 约为 26% ~ 28% 时，火焰呈 2/5 或 2/3 的乳白色或夹有天蓝色条子不时出现，此时表面炉内渣子已基本造好。

C　根据火焰形状进行判断

炉内渣造好后，炉温升至1200℃以上，火焰清秀透明，火焰由低到高，旺盛有劲而发亮。

D　根据渣汗进行判断

炉内渣子造好后，炉口内壁出现渣汗，流动性好，黏度低。喷在炉口内壁上，形成小液滴犹如汗珠一样。

E　根据渣花进行判断

喷溅频繁，细而亮，轻飘无力，似雪花一样的渣花在炉口周围大量出现。

F　根据喷溅物进行判断

渣子造好后，黏度低，流动性好。从炉口喷溅出来的炉渣落到炉壳好裙板上，即成片状，并且会自动撬起来，无韧性。喷溅物落地上呈球状，中空易碎。

G　根据钎样进行判断

渣样表面有少许翻红色和土红色。无油脂光泽，平滑而脆，钎头有小刺。钎杆平滑有凸起裂纹，渣样点滴均匀。

H　根据时间进行判断

冰铜品位，石英石含 SiO_2，进料量，送风量等参数大致相同或波动不大，则吹炼的时间也大致相同。

4.7.8.2 筛炉操作的具体要求

筛炉操作的具体要求如下：

(1) 筛炉前一包料要加够石英熔剂造尽渣，要控制好炉温，并且在炉口翻小花时放渣。

(2) 筛炉补加石英熔剂要十分准确。发现火焰有少许紫红色，应停止加石英熔剂。待炉时间吹够，熔剂全部融化，炉温升至 1250~1280℃，从炉后风眼取样观察，发现钎样呈钢灰色或银灰色，有油脂光泽，并带黑色斑点且会卷曲起来，表面石英熔剂已加够，不必再加熔剂，即可放筛炉渣。

(3) 筛炉时间不宜过长，一般应控制在 30~40min 内完成，不允许加大量的石英熔剂，筛炉达到终点时炉内不允许存在游离 SiO_2，不允许存在未融化的固体冷料。

(4) 筛炉结束时炉内残渣厚度不得大于 15mm，为确保筛炉净渣较为彻底，要求必须确保炉口宽、浅、平，筛炉放渣时允许放渣带少量白冰铜。

(5) 当确认已近筛好炉，此时炉内熔体已基本成为单一的 Cu_2S 相了。熔体铜品位大于78%，即可进行二周期吹炼。

4.7.8.3 筛炉终点的判断与控制

A 通过火焰颜色进行判断

火焰旺盛有力而发亮，硫烟增多。火焰呈草绿色或是乳白色中间夹有棕红色，筛炉后30min 逐步变为棕红色。

B 通过炉口周围完全翻花来判断

当观察炉口周围已完全翻花，表面炉内 Cu_2S 相进一步氧化，炉内的铁已基本除尽。熔体是单一的 Cu_2S 相了，熔体品位大于78%，筛炉已经实现。

C 通过炉后取钎样来判断

钢钎表面黏结物呈土红色或棕红色，有韧性，会自动卷曲，钎头有小刺。

D 通过从炉口取渣板样来进行判断

可以通过从炉口取渣板样来进行观察，即渣板样表面颜色呈钢灰色，少许翻红色。渣板表面翻花，表面筛炉已经达到终点。

4.7.8.4 粗铜出铜终点的判断

A 通过观察炉口"铜花"来进行判断

当二周期吹炼接近终点到吹炼终点时，铜花由小逐步变大，再到大进行转变，最后再逐步变小到无花这样一个过程。待无花后即可结束二周期吹炼。

B 通过炉口火焰颜色的变化来进行判断

火焰颜色变成较为单一的棕红色，火焰清晰透明。

C 通过炉口喷溅物来进行判断

喷溅物落在转炉裙板上具有了一定的弹性，落在裙板上犹如跳舞一样。

D 通过在风眼取钎样来进行判断

钎样表面黏结物经水冷后，呈玫瑰红色或是金黄色。表面结构平滑致密，有金属光泽，有韧性，无气孔，无 Cu_2S 斑点。

E 通过接取"铜雨"来进行判断

大小一样，亮度相同，均匀地从炉后掉下来。仿佛下雨一样，故称铜雨。

F 通过观察炉口内壁出现"铜汗"的情况来进行判断

当造铜接近或是达到终点时，转过炉口到放渣位置观察炉口内壁会发现就像人出汗一样的金属铜液滴，犹如汗珠一般。人们称之为"铜汗"。

G 通过从炉口取模样来进行判断

用样勺从炉口取样，倒在样模中冷却后会出现玫瑰红色或是金黄色，横断面无灰色。同时会鼓起小、中、大三种泡来。小泡中泡稍欠，具体则要更具下道工序的需求来最终决定吹炼终点，大泡之后是像"火山"一样的铜样，之后"火山"形状逐步缩小，再吹少许取样则呈现铜样表面相对平整的"平板铜"。

H 通过观察炉口烟气来进行判断

当造铜接近或是达到终点时，从炉口观察烟气，烟气呈逐步减少，最终消失，当发现烟气消失时须立即倾转炉体，防止"铜过吹"。

4.7.9 如何防止和处理转炉粗铜过吹

4.7.9.1 造铜反应

吹炼进入造铜期后，发生 Cu_2S 与 Cu_2O 的反应：

$$2Cu_2S + 3O_2 \Longrightarrow 2Cu_2O + 2SO_2$$

$$2Cu_2O + Cu_2S \Longrightarrow 6Cu + SO_2$$

总反应为：

$$Cu_2S + O_2 \Longrightarrow 2Cu + SO_2$$

所谓造铜期就是按照以上反应方式生成金属铜，在实际生产过程中并不是立即出现金属铜相。

所谓粗铜过吹就是指造铜结束后未能及时停止吹炼，导致金属铜液在高温状态下与鼓入炉内空气中的氧进一步发生反应的现象：

$$2Cu + O_2 \Longrightarrow Cu_2O$$

4.7.9.2　铜液过吹时的表象

铜液过吹时的表象如下：

(1) 当铜液过吹时烟气消失，火焰呈暗红色，摇摆不定。

(2) 从炉后取钎样，钎样黏结物表面粗糙无光泽，呈灰褐色，组织松散，冷却后易敲打掉。

(3) 转过炉口观察炉内，炉衬表面清晰、砖缝明显。炉内熔体表面流动性好。

(4) 从炉口取样存在困难，即便是取出铜样，铜样表面也带一层稀渣，且稀渣、铜样在敲打时易发脆。铜样断面断茬粗糙，呈砖红色，过吹严重时呈暗红色。

4.7.9.3　铜液过吹后可采取的措施

用热冰铜进行还原：即采用向过吹的炉内加入一定量的热冰铜，使冰铜中的 FeS 和 Cu_2S 发生以下剧烈反应：

$$FeS + Cu_2O \longrightarrow Cu + Fe_3O_4 + SO_2 \uparrow - Q \tag{4-3}$$

$$Cu_2S + Cu_2O \longrightarrow Cu + SO_2 \uparrow - Q \tag{4-4}$$

式 (4-3) 主要发生在刚进行还原反应之初或是在炉内铜液严重过吹时。式 (4-4) 主要发生在还原操作即将结束或是炉内铜液过吹较浅时。具体取决于炉内铜液过吹的严重程度。

可以采用向炉内加入一定量的冷冰铜进行还原的措施，冷冰铜加入炉内后反应较前者较为平缓，反应机理不变。

将高品位固态白铜锍加入炉内进行还原，反应机理为式 (4-4)。

根据"过吹"程度来确定加入的数量。若加入的白铜锍过多时。可继续进行送风吹炼，直到造铜终点。

4.7.9.4　铜液过吹后产生的危害

铜液过吹后产生的危害如下：

(1) 影响炉寿命：过吹时产生的 Cu_2O 或是 $Fe_3O_4Cu_2O$ 对炉衬具有强烈的侵蚀作用，

在未对过吹现象进行还原处理的情况下向外倾倒熔体时，熔体对合金炉口、不锈钢炉口烧损严重，倒在钢包内易烧损钢包。

（2）对当炉铜直收率有影响。

（3）粗铜"过吹"后，用铜锍进行还原。其反应主要是粗铜中 Cu_2O 与铜锍中的 FeS、Cu_2S 的反应，这些反应几乎在同一瞬间完成，释放大量的 SO_2 气体使炉内气体体积迅速膨胀，气压增大至一定程度，就会形成巨大的气浪冲出炉外。因此"过吹"铜还原时一定要注意安全，还原要慢慢进行，不断地小范围内摇动炉子，促使反应均匀进行。

（4）对系统正常生产组织产生干扰和影响，延长单炉作业时间，打乱系统作业秩序。

4.7.9.5 如何防止粗铜过吹

防止粗铜过吹措施如下：

（1）操作炉长须努力提高操作技能，熟练掌握判断粗铜吹炼终点的各种表象，对粗铜吹炼终点进行准确判断，防止粗铜过吹。

（2）操作炉长须认真把好筛炉质量关，确保筛炉质量，防止大量"铁"的存在进入二周期，防止加入过多的熔剂使其进入二周期。因为筛炉不彻底会对操作炉长的粗铜吹炼终点的判断产生影响（如火焰颜色、二周期吹炼时间、铜雨的产生等）。

（3）操作炉长须加强工作责任心，在粗铜期勤取钎样、铜雨样进行判断。新炉长在操作经验相对不足时应转过炉口取炉口铜样进行判断，防止用"单一"的方法做"唯一"的决定。

4.8 吹炼过程技术经济指标

4.8.1 送风时率

铜锍的吹炼过程是间歇式周期性作业，在进料、放渣、放铜时必须停风。在停风期间，不但不能进行任何氧化反应去除铜锍中的铁和硫，而且会使炉温下降，以至影响下一步操作。因此应当很好地组织熔炼、吹炼和火法精炼工序之间的配合，尽量缩短转炉吹炼的停风时间，提高转炉的工作效率。

送风时率与生产组织、操作人员的技术水平、上下工序的配合紧密程度有关。为了提高转炉的送风时率，要求生产的管理人员在详细了解熔炼、吹炼和火法精炼的生产规律的基础上，制定出转炉吹炼进度计划，作为生产操作指南，这样才能缩短转炉停风时间。

送风时率与转炉工序的机械化程度有关。机械化程度愈高，清理转炉炉口、放渣、出铜等操作时间就愈短，送风时率就愈高。目前炼铜厂都向大型化，即大转炉、大吊车、大包子发展，来提高送风时率。

送风时率与铜锍品位有关。理论计算和生产实践都表明，在其他条件相同的情况下，铜锍品位愈低，吹炼时送风时率愈高。相反，铜锍品位愈高，则吹炼时送风时率愈低。

送风时率还与车间的平面配置有关，例如转炉与熔炼炉的相对位置和距离、与火法精炼炉的位置和距离有关。

送风时率可按下式计算：

$$送风时率 = \frac{炉送风时间}{炉总操作时间} \times 100\%$$

单台炉连续操作时，送风时率可达 60% ~ 70%；一台炉交换操作时可达 75% ~ 80%，两台炉期交换操作时可达 81% ~ 83%。

4.8.2 铜直收率

铜的直接回收率与铜锍品位、铜锍中杂质含量（其中特别是锌铅等易挥发成分）、鼓风压力和送风量、转炉渣成分及操作技术（特别是放渣技术）等因素有关。铜锍品位低、杂质含量高，铜的直接回收率低。当铜锍中 Cu + Fe 为 70%、S 为 25%、吹炼过程中铜损失为 1% 时，铜的直接回收率与铜锍品位有如下关系：

$$\eta = 104 - 350/B$$

式中　　η——铜直收率，%；

　　　　B——铜锍品位，%。

4.8.3 炉寿命

炉寿命是衡量转炉生产水平的重要指标。转炉的寿命与铜锍品位、耐火材料质量、砌砖技术相耐火材料的分布、吹炼热制度、风口操作等因素有关。

在吹炼过程中，转炉炉衬在机械力、热应力和化学侵蚀的作用下逐渐遭到损坏。工厂实践指出，转炉炉衬的损坏大致分两个阶段：第一个阶段，新炉子初次吹炼（即炉龄初期）时，炉衬受杂质的侵蚀作用不太严重，这时受热应力的作用炉衬砖掉块掉片较多，风口砖受损严重。第二阶段，炉子工作一段时间（炉龄后期），炉衬受杂质侵蚀作用较大，砖面变质。

实践表明，炉衬各处损坏的严重程度不同，炉衬损坏最严重的部位是风口区和风口以上区，其次是靠近风口两端墙被熔体浸没的部分，炉底和风口对面炉墙损坏较轻。

在造铜期，炉衬损坏比造渣期严重。采用富氧空气吹炼时，炉衬损坏比采用空气时严重。炉衬损坏的原因很多，归结起来主要是由机械力、热应力和化学侵蚀三种力作用的结果。

4.8.3.1 炉衬损坏的原因

A　机械力的作用

主要是指熔体对炉衬的冲刷磨损和清理风口不当时对炉衬所造成的损坏。在转炉内流体流动现象讨论中，已经指出了气泡膨胀、上升过程和流体环流对炉壁造成的冲刷，使炉衬遭到损坏。这些情况与炉子大小有关，炉子直径小，这种机械力的作用更明显。

B 热应力的作用

转炉吹炼是间歇式周期性作业，在供风和停风时炉内温度变化剧烈，从而引起耐火材料掉片和剥落。曾有人对直径为3.05m、长为7.98m的转炉吹炼品位为33.5%的铜锍时炉温的变化情况进行了测定，结果为每吹风1min，造渣期温度升高2.92℃，造铜期温度升高1.20℃；每停风1min，造渣期温度降低1.05℃，造铜期温度降低3.10℃。由于温度的剧烈变化，产生很大的热应力。耐火材料尤其是含Cr_2O_3高的耐火材料，抗热振性较差。在850℃下进行的抗热振性试验指出，Mg-Cr砖18次、Mg-Al砖69次即发生断裂，可见热应力是引起炉衬损坏的重要因素。

C 化学侵蚀

主要是炉渣熔体的侵蚀，锍和金属铜也产生很大的侵蚀作用。在造渣期，吹炼过程产出的炉渣（$2FeO \cdot SiO_2$）能溶解镁质耐火材料，它既能使镁质耐火材料表面溶解，也能渗透进耐火材料内部，使耐火材料溶解。

温度愈高，MgO在转炉渣中溶解度愈大。在同一温度下，渣中SiO_2含量增大，MgO在渣中的溶解度总的趋势升高，这说明高温下含SiO_2高的炉渣对镁质耐火材料侵蚀严重。

还有人曾对转炉渣侵蚀Mg-Cr质耐火材料的机理进行了研究。结果发现，在反应层内，耐火砖基质内部、基质与颗粒结合处的贯通气孔已被熔渣充满，主晶相晶体之间也侵入大量熔渣。通过与原砖对比看出，熔渣侵入的第一通道是砖内的气孔，第二通道是具有较多硅酸盐富集的晶界。进入反应层的熔渣成分有磁铁矿（Fe_3O_4）铁橄榄石（$2FeO \cdot SiO_2$）和金属铜等。铁橄榄石对耐火砖中的方镁石和铬矿侵蚀严重，它不仅从耐火砖的颗粒表面进行溶解，而且通过加宽晶界把主晶相分离并溶入渣中。磁铁矿在方镁石和尖晶石中有较大的溶解度，并且形成固溶体，造成Mg-Cr砖的化学破损，大幅度地降低了耐火材料性能。

在造铜期，金属铜黏度很小，能顺着耐火砖的气孔渗透到砖体内部，使方镁石晶体、铬矿晶粒间的距离增大，从而使耐火砖结构疏松。但是金属铜并未与耐火砖的主晶相反应。造铜期有少量Cu_2O生成，它与粗铜表面上的残渣反应形成流动性非常好的炉渣（其成分大都是$Cu_2O \cdot Fe_2O_3$），对耐火砖有很强的侵蚀能力。

4.8.3.2 提高炉寿命措施

提高炉寿命的措施有：

（1）提高耐火砖、砌炉和烤炉质量。在渣线和容易损坏的部位砌优质Mg-Cr砖有较好的抗损坏效果。

（2）严格控制工艺条件。控制造渣期的温度在1200~1300℃范围内，当炉温偏高时及时地分批加入冷料，在加入石英熔剂时要防止大量集中加入，以免炉温急剧下降。

（3）及时放渣和出铜，勿使过吹，减少砖体的侵蚀作用。

（4）当炉衬局部出现损坏时，可采用热喷补等措施补炉。

（5）从炉体结构角度看，适当增大风眼管直径和减少风眼数量，可以降低风眼区炉衬的损坏速度。适当增大风眼与端墙的距离，可以减缓端墙的损坏。

4.8.4 转炉生产率

转炉生产率可用下面三种方法表示，即炉日产粗铜量、生产吨粗铜时间、日炉处理铜锍吨数。常用的是前两种表示方法。

转炉的生产率与炉子大小、铜锍品位、单位时间鼓入炉内的空气量、送风时率及操作条件等有关。大转炉无疑比小转炉生产率高。铜锍品位高，造渣时间短，炉子生产率也大。生产实践表明，铜锍品位提高1%，产量可以增加4%。铜锍吹炼过程就是利用鼓入炉内空气中的氧来氧化铜锍中的铁和硫的过程。因此，鼓风量大小和送风时率高低直接影响转炉生产率。生产率与鼓风量、送风时率成正比，即鼓风量和送风时率愈大，转炉的生产率愈高。但是鼓风量不能无限增大，以免发生大喷溅和加剧炉衬损坏，可以采用富氧空气吹炼，提高炉子生产率。

4.8.5 耐火砖消耗

耐火砖消耗与炉寿命、铜锍品位、转炉容量、操作制度等有关。炉寿命短、铜锍品位低、炉子容量小，耐火砖消耗就相应高。国外铜锍转炉吹炼耐火材料消耗为 2.25 ~ 4.5kg/t。铜锍转炉吹炼的各项技术经济指标见表4-2。

表 4-2　铜锍转炉吹炼的各项技术经济指标

指 标 名 称	转炉容量/t							
	5	8	15	20	50	50	80	100
铜锍品位 $w(Cu)/\%$	30 ~ 35	25 ~ 30	37 ~ 42	28 ~ 32	20 ~ 21	30 ~ 40	50 ~ 55	55
送风时率/%	76	75 ~ 80	80	77 ~ 88	85	80 ~ 85	70 ~ 80	80 ~ 85
铜直收率/%	90 ~ 95	95	96	80 ~ 85	90	95	93.5	94
熔剂率/%	18	23	16 ~ 18	18 ~ 20	20	16 ~ 18	8 ~ 10	6 ~ 8
冷料率/%	25	15	10 ~ 15	7 ~ 10	25 ~ 30		26 ~ 63	30 ~ 37
砖耗/kg·t^{-1}	24	19.7	25	60 ~ 140	45 ~ 60	15 ~ 30	4 ~ 5	2 ~ 5
炉寿命/t·炉期$^{-1}$	1500	1500	1500	1200	2200	17570	26400	
吨铜水耗/m³					130			
吨铜电耗/kW·h			350 ~ 400		650 ~ 700		(50 ~ 60)	(40 ~ 50)

转炉作业技术操作规程

5.1 转炉生产工艺控制、作业、监控参数

5.1.1 铜转炉生产工艺控制参数

铜转炉生产工艺控制参数见表 5-1。

表 5-1　铜转炉生产工艺控制参数

名　称	单　位	控制范围
吹炼温度	℃	1150 ~ 1300
渣含硅	%	18 ~ 24

5.1.2 铜转炉生产作业参数

铜转炉生产作业参数见表 5-2。

表 5-2　铜转炉生产作业参数

名　称	单　位	86t 转炉	110t 转炉
操作风压	MPa	0.06 ~ 0.13	0.06 ~ 0.13
操作风量	m³/h	15000 ~ 32000	32000 ~ 40000
氧气浓度	%	20 ~ 26	20 ~ 26

5.1.3 镍转炉生产工艺控制参数

镍转炉生产工艺控制参数见表 5-3。

表 5-3　镍转炉生产工艺控制参数

名　称	单　位	控制范围
吹炼温度	℃	1150 ~ 1300
渣含硅	%	22 ~ 26
高镍锍含铁	%	2 ~ 4

5.1.4　镍转炉生产作业参数

镍转炉生产作业参数见表5-4。

表5-4　镍转炉生产作业参数

名　称	单　位	86t 转炉	110t 转炉
操作风压	MPa	0.06 ~ 0.13	0.05 ~ 0.13
操作风量	m^3/h	15000 ~ 32000	32000 ~ 45000
高镍锍缓冷时间	h	≥72	≥72

5.2　岗位生产作业程序

5.2.1　过程描述

5.2.1.1　铜转炉过程描述

110t 转炉在一周期 S_1 期进 6 ~ 8 包料开风，根据冰铜品位，连续吹炼 40 ~ 60min，连续放出两包渣，再连续进 2 ~ 4 包料，S_2 期开风吹炼 30 ~ 60min 后，进行筛炉作业，筛炉结束后进入二周期吹炼，达到粗铜吹炼终点，判断试样合格后，操作炉长进行出炉。吹炼期间根据炉温及冰铜品位，适当加入各种冷料。

86t 转炉在一周期 S_1 期进 4 ~ 6 包料开风，连续吹炼 60 ~ 90min，放出两包渣，再连续进 2 ~ 3 包料，S_2 期开风吹炼 50 ~ 70min，进行筛炉作业，筛炉结束后进入二周期吹炼，达到粗铜吹炼终点，判断试样合格后，操作炉长进行出炉。吹炼期间根据炉温及冰铜品位，适当加入各种冷料。

5.2.1.2　镍转炉过程描述

进 3 ~ 7 包低镍锍开风，吹炼时根据炉温及火焰状况加入石英、冷料，待渣造好后，先进一包低镍锍吹炼 3 ~ 4min 后进行放渣，如此反复，按生产指令进够低镍锍后，进行筛炉操作，判断试样合格后进行出炉。

5.2.2　进低冰铜操作

5.2.2.1　开风前的进料操作

开风前的进料操作如下：
（1）指吊工接到炉长通知，指挥吊车将低冰铜吊到进料炉前。
（2）操作炉长确认炉后平台无人后，转动炉体，将炉口转到进料位置。
（3）操作炉长配合指吊工指挥吊车进料，准确将低冰铜倒入炉内。

（4）进料中，前后倾动炉体，防止包嘴卡在炉口。

（5）进料结束后，做好进料记录。

5.2.2.2　正常吹炼中的进料操作

正常吹炼中的进料操作如下：

（1）正常吹炼时，操作炉长判断渣已造好，通知指吊工进料。

（2）指吊工接到操作炉长通知，指挥吊车将低冰铜吊到进料炉前。

（3）操作炉长通知后停止捅风眼操作，并确认炉后平台无人。

（4）打开炉后挡板，提起密封小车。

（5）前倾炉子，待风眼离开液面后停风。

（6）将炉口转至进料位置停车。

（7）操作炉长配合指吊工指挥吊车进料，准确将低冰铜倒入炉内。

（8）进料完毕，后倾炉子开风，待炉口转至正常吹炼位置停车。

（9）放下密封小车，关闭炉后挡板，进入正常吹炼状态。

（10）进料结束后，操作炉长做好进料记录。将炉口转至进料位置停车。

5.2.3　加冷料操作

加冷料操作过程如下：

（1）正常吹炼时，操作炉长判断炉温较高时，通知指吊工加冷料。

（2）指吊工接到操作炉长通知，指挥吊车将冷料吊到安全坑上方。

（3）操作炉长检查冷料包内是否有易燃易爆品，冷料是否潮湿。

（4）通知炉后停止捅风眼操作，确认炉后平台无人。

（5）打开炉后挡板，提起密封小车。

（6）前倾炉子，待风眼离开液面后停风。

（7）将炉口转至进料位置停车。

（8）操作炉长配合指吊工指挥吊车加冷料，准确将冷料倒入炉内。

（9）进料完毕，后倾炉子开风，待炉口转至正常吹炼位置停车。

（10）放下密封小车，关闭炉后挡板，进入正常吹炼状态。

（11）做好进料记录。

5.2.4　加石英操作

加石英操作过程如下：

（1）操作炉长打开石英下料口闸板，然后启动石英皮带，根据进料量和冰铜品位加入石英。

（2）判断石英加入完毕后，关闭石英皮带开关，待石英下完后，关闭石英下料口闸板。

（3）做好加石英记录。

5.2.5　开风操作

开风操作过程如下：

（1）当炉首次开风之前，提前 5 ~ 10min，操作炉长和调度室联系并通知化工厂做好接收烟气的准备工作。

（2）操作炉长联系完毕后，启动风闸。

（3）当风压显示 0.05MPa 时，逐渐后倾炉子。

（4）将炉口转至正常吹炼位置。

（5）放下密封小车，合上炉后挡板。

（6）正常吹炼中，随时监测风压、风量及排烟状况的变化。

（7）做好开风记录。

5.2.6　停风操作

停风操作过程如下：

（1）正常吹炼时，操作炉长通知炉后工停止捅风眼。

（2）提起密封小车，打开炉后挡板。

（3）转动炉体，前倾炉子，待风眼离开液面后关闭风闸，炉口转至进料位置停车。

（4）当炉吹炼结束后，操作炉长和调度室联系并通知化工厂做好停止接收烟气。

（5）做好停风记录。

5.2.7　一周期放渣操作

一周期放渣操作过程如下：

（1）当操作炉长判断渣已造好，通知指吊工坐好渣包。

（2）将炉口转出后，静止 3 ~ 5min 后，进行放渣，并观察炉内石英量。

（3）倒渣时，打开旋转烟罩，将炉口罩住。

（4）放渣时由大到小，随时用试渣板测试渣型，用渣钩测试渣层厚度，根据渣层厚度调整渣子流量，放渣时严禁将冰铜放出。

（5）待渣包中渣子离包沿 200 ~ 300mm，将炉口抬起停止放渣。

（6）待炉内渣层厚度为 50mm，将炉口抬起停止放渣。

（7）执行开风操作。

（8）当进入正常吹炼状态后，做好放渣记录。

5.2.8　筛炉期放渣操作

筛炉期放渣操作过程如下：

（1）当操作炉长判断渣已造好，通知指吊工坐好渣包。

（2）将炉口转出后，静止 3 ~ 5min 后，进行放渣，并观察炉内石英量。

（3）倒渣时，打开旋转烟罩，将炉口罩住。

（4）放渣时由大到小，随时用试渣板试测渣型，用渣钩检查渣层厚度，根据渣层厚度调整渣子流量，筛炉允许带出少量冰铜。

（5）待炉内渣层厚度为 10～15mm，将炉口抬起停止放渣。

（6）执行开风操作。

（7）当进入正常吹炼状态后，做好放渣记录。

5.2.9 炉后捅风眼操作

炉后捅风眼操作过程如下：

（1）当风压高于 0.10MPa 时，应进行不间断的捅风眼操作。

（2）当风压显示在 0.08～0.10MPa 时，应每隔 2min 清理一遍风眼。

5.2.10 110t 转炉排烟系统操作

110t 转炉排烟系统操作如下：

（1）每台 110t 转炉对应的锅炉出口阀门在正常生产时为全开（开度 100%），停吹或出炉完毕后，通过调整计算机上对应的锅炉出口阀门开度显示，及时将锅炉出口阀门开度调整到 10%～15%。

（2）一般情况下，5 号转炉对应 2 号主排烟机，在正常生产时 2 号阀为全关（开度 0%）。需要调整时，通过计算机上对应的 2 号阀门开度显示进行调整。

（3）一般情况下，6 号、7 号转炉对应 1 号主排烟机，在正常生产时 1 号阀为全开（开度 100%）。需要调整时，通过计算机上对应的 1 号阀门开度显示进行调整。

（4）5 号转炉处于停炉检修状态时，对应的锅炉出口阀门关闭，2 号阀为全开（开度 100%），使 6 号转炉的排烟对应 2 号主排烟机。

（5）转炉处于正常吹炼状态，1 号主排烟机负荷调整范围为 30%～50%，2 号主排烟机负荷调整范围为 30%～35%。需要调整时，通过计算机上对应的主排烟机负荷显示进行调整。

（6）转炉处于正常吹炼状态，去一硫酸制酸阀门 100% 全开；需要调整时，通过计算机上对应的阀门显示进行调整。

（7）转炉处于正常吹炼状态，水平烟道调节阀常开（开度 100%）。需要调整时，通过计算机上对应的阀门显示进行调整。

（8）转炉处于正常吹炼状态，不允许擅自将吹炼烟气排空，除非特殊情况，接到化工通知要求部分排空时，操作炉长做好记录后汇报横班长，横班长汇报厂调度，并接到厂调度通知后，通过计算机上对应的排空阀显示进行调整。

（9）转炉停吹、检修时，可自行通过调整计算机上对应的排空阀显示将烟气直接排空不需要汇报车间调度。

（10）正常去 53 万吨硫酸制酸阀门开度范围控制在 50%～100%，需要调整时，操作炉长必须接到调度通知后，方可进行操作。

（11）53 万吨硫酸系统正常生产时，去 53 万吨硫酸负压控制范围 -100～+300Pa；当压力达到 +300Pa 时，且排烟不畅时，及时通过调度联系 53 万吨硫酸控制室调整风机负荷提高负压。

（12）53 万吨硫酸控制室要求制酸阀完全关闭时，转炉控制室做好记录，及时汇报车间调度，操作炉长接到车间调度通知后，通过计算机上对应的阀门显示将 53 万吨硫酸制酸阀打到全关状态（开度 0%）。

5.2.11　环保排烟系统操作

环保排烟系统操作如下：

（1）1 号～4 号转炉环保调节阀有两个：固定烟罩调节阀和旋转烟罩的调节阀，计算机操作画面上显示的 1 号调节阀为固定烟罩调节阀、2 号阀为旋转烟罩调节阀。

（2）根据转炉与环保排烟机之间的距离大小，1 号调节阀的最大开度大小不同，4 号转炉调节阀开度 80%，3 号转炉调节阀开度 85%，2 号转炉调节阀开度 90%，1 号转炉调节阀开度 100%，旋转烟罩调节阀的开关行程与在旋转烟罩开关行程连锁，旋转烟罩开关过程中旋转烟罩调节阀自动打开、关闭，旋转调节阀在旋转烟罩使用过程中处于全开、全关状态。

（3）1 号～4 号转炉进行开炉时，操作炉长打开固定烟罩调节阀至 80%～100%。

（4）1 号～4 号转炉放渣前，关闭旋转烟罩，将炉口罩住，旋转烟罩调节阀自动打开。

（5）1 号～4 号转炉进行修炉作业时，关闭固定烟罩的调节阀至 0%，关闭旋转烟罩调节阀至 0%。

（6）1 号～4 号转炉进行烤炉作业时，固定烟罩调节阀开度 20%～30%，烤炉烟气进入主排烟系统。根据炉口位置确定是否使用环保排烟。若炉口转出固定烟罩，则打开固定烟罩调节阀至 50%，部分烤炉烟气进入环保排烟系统；若炉口处于吹炼位置，则关闭固定烟罩调节阀至 0%，烤炉烟气进入主排烟系统。

（7）5 号～7 号转炉环保调节阀有两个：固定烟罩调节阀和旋转烟罩调节阀，计算机画面上显示的 1 号调节阀为固定烟罩调节阀、2 号阀为旋转烟罩调节阀。

（8）根据转炉与环保排烟机之间的距离大小，1 号调节阀的最大开度大小不同，7 号转炉固定烟罩调节阀最大开度为 95%，6 号转炉固定烟罩调节阀最大开度为 90%，5 号转炉固定烟罩调节阀最大开度为 85%，2 号调节阀的开关行程与在旋转烟罩开关行程连锁，旋转烟罩开关过程中自动打开、关闭，2 号调节阀在旋转烟罩使用过程中处于全开、全关状态。

（9）5 号～7 号转炉开炉时，操作炉长打开 1 号调节阀至最大开度。

（10）5 号～7 号转炉放渣操作前，操作炉长关闭旋转烟罩，将炉口罩住，旋转烟罩调节阀自动打开。

（11）5 号～7 号转炉进行修炉作业时，炉长关闭 1 号调节阀至 0%，关闭 2 号调节阀至 0%。

（12）5 号～7 号转炉进行烤炉作业时，2 号调节阀开度 20%，烤炉烟气主要进入主排烟系统。根据炉口的位置确定是否使用环保排烟。若炉口转出固定烟罩，打开 1 号调节阀至 50%，部分烤炉烟气进入环保排烟系统；若炉口处于吹炼位置，关闭 1 号调节阀，烤炉烟气进入主排烟系统。

5.2.12 用氧操作

用氧操作如下:

(1) 正常吹炼时,操作炉长根据炉温判断是否进行用氧操作。

(2) 转炉送风压力大于 0.07MPa 时方可进行用氧操作。

(3) 转炉用氧时,操作炉长先打开氧气截止阀,再开氧气调节阀,关闭时先关闭氧气截止阀,再关闭氧气调节阀。

(4) 正常情况下,110t 转炉一周期用氧控制在(标态)1000m^3/h,5 号~7 号 2000m^3/h;二周期用氧控制在 1000m^3/h,5 号~7 号 1500m^3/h。

(5) 86t 转炉一周期用氧控制在(标态)500m^3/h,5 号~7 号 1500m^3/h;二周期用氧控制在 500m^3/h,5 号~7 号 1000m^3/h。

(6) 若出现总氧量低于(标态)5000m^3/h 时,班中应及时向调度汇报联系解决,保证转炉正常吹炼。

(7) 转炉用氧时操作炉长随时观察转炉送风压力,送氧压力及流量,如发生异常时,立即关闭氧气截止阀,再关氧气调节阀,并汇报车间调度室进行处理。

5.2.13 闭渣操作

闭渣操作如下:

(1) 粗铜吹炼达到终点后,根据炉内渣型及渣层厚度,加入石英进行闭渣操作。

(2) 加石英前,操作炉长对闭渣石英进行确认,确认石英是否易燃易爆物品,确认石英含水是否满足要求。

(3) 加石英时,操作炉长将炉口转到进料位置,指挥指吊工准确控制石英加入。

(4) 闭渣结束后,进行出炉操作。

5.2.14 Fe_3O_4 挂炉操作

Fe_3O_4 挂炉操作如下:

(1) 操作炉长根据不同的冰铜品位选择不同的挂炉方式。

(2) 当冰铜品位大于 55% 时,挂炉前的一炉出炉时不执行闭渣操作,为挂炉创造条件。

(3) 按进料作业程序先向炉内进 4~7 包冰铜。

(4) 具备开风条件后,开风吹炼,禁止向炉内加入一周期冷料,石英或床下物。

(5) 每吹炼 5~7min,在不停风的情况下,转动炉体,最大可能将吹炼过程中产生的 Fe_3O_4 挂至炉衬各个部位。

(6) 在吹炼过程中,根据炉膛大小进 8~9 包冰铜。

(7) 当炉子温度超过控制温度,可用适量的冷铜来控制炉温。

(8) 操作炉长把握好吹炼终点,防止粗铜过吹,保证挂炉的效果。

(9) 当冰铜品位低于 55% 时,按正常的吹炼程序进行进料及放渣操作。

(10) 当冰铜实际进料量少于计划处理量 1 包时,进行筛炉操作。

（11）筛炉结束后，进入一包冰铜进行二周期吹炼，每隔 5~7min 大范围不停风转动一次炉子，直至当炉吹炼结束。

5.2.15 室内外控制系统转换操作

室内外控制系统转换操作如下：

（1）操作炉长检查室内控制台是否有电，运行是否正常。

（2）将室内控制台上的"检修、允许"转换按钮切换至"允许"位置，然后将"交、直流"转换开关切换至"交流"位置，最后将"操作台、控制箱"转换开关打至"控制箱"位置。

（3）上述操作结束后，方可进行室外操作。

5.2.16 安全坑清理操作

安全坑清理操作如下：

（1）根据安全坑的情况当班操作炉长联系装载机及时清理安全坑杂物。

（2）若前壁水套或密封小车上粘有大块的烟道块，联系炉口机清理后，方可进行作业。

（3）待炉口转到进料位置停车、放下密封小车，进行安全坑清理作业。

（4）清理过程中严禁行人、车辆从安全坑前通过，以防发生意外事故。

（5）指挥装载机清理的监护人员必须站在装载机作业的安全距离外。

（6）清理完毕后，装载机离开安全坑前方后，操作炉长进行吹炼作业。

5.2.17 残极机组备料操作

残极机组备料操作如下：

（1）操作人员在尾部操作台，控制箱转动链板输送机至适宜位置，通知叉车备料。

（2）叉车将打包好的残极，按照指挥人员要求，准确放置在链板输送机上。

（3）操作设备对链板输送机上残极整形，待整形装置返回，确认残极无过高、过长、偏位等，启动链板输送机向前转 1.8m 停止；在下一个待料位置通知叉车继续备料。

（4）如此反复，直至残极备满链板输送机。

（5）备料完成，控制箱上将控制按钮打至零位，停电。

5.2.18 残极机组加料操作

残极机组加料操作如下：

（1）链板输送机已备满残极，确认转炉具备冷铜加入条件，可执行加料操作。

（2）操作人员在头部加料操作平台操作面板上，提起炉门，翻转溜槽抬起至基本与链板水平位置，点动链板输送机向前转动 1.8m，将一垛打包好的残极转送至推料小平台。

（3）下降抬起推入装置至水平，将残极推进翻转溜槽，抬起推入装置返回和抬起。

（4）翻转溜槽下降至垂直位置，推入油缸启动开到位，将残极通过加料口推入炉内。

（5）推入油缸返回，倾翻溜槽抬起至水平位置，完成一垛残极加入作业。

（6）重复以上作业，直至满足转炉一个阶段冷铜需求，或者将链板运输机上残极加完。

（7）加料作业完成，放下炉门。

（8）控制箱停电。

5.2.19 残极机组自动控制液压系统操作

残极机组自动控制液压系统操作如下：

（1）操作人员进入转炉残极机组控制室控制系统，打至液压泵站页面。

（2）选择"泵站控制模式"为自动，选择"自动控制面板"为启动。

（3）在液压泵站页面，点动三台油泵启动，加热泵启动，冷却器启动。

（4）观测油泵、加热器、冷却器等运行状态，确认液压系统正常。

（5）液压系统正常，可执行加料作业。

5.2.20 残极机组自动控制加料操作

残极机组自动控制加料操作如下：

（1）确认自动加料运行必须具备以下条件：

1）非备料状态。

2）加料系统远控（链板输送机远控）。

3）液压泵站运行正常。

4）炉门开启（现场完成）。

5）加料系统启动位置初始条件满足。

6）系统无故障。

（2）确认备料作业完成，链板输送机已备满残极，确认转炉具备冷铜加入条件，可进入自动加料阶段。

（3）操作人员登录转炉残极加料系统，点击屏幕下方"加料画面"面板。

（4）操作人员在"加料画面"面板上按照以下步骤操作：

1）抬起推入装置（抬起油缸伸出）。

2）抬起油缸伸出到位后进行推料（推料油缸伸出）。

3）推料油缸伸出到位后推料装置收回（推料油缸收回）。

4）推料油缸伸出到位后倾转溜槽倾翻（倾翻油缸收回）。

5）推料油缸收回到位后降下推入装置（抬起油缸收回）。

6）倾翻油缸收回到位后投炉装置开始投炉（投炉油缸伸出）。

7）单周期运行 57s 后，启动链板输送机向前 1.8m，将下一垛残极转送至推料小平台。

8）投炉油缸伸出到位后，投炉装置油缸收回。

9）投炉油缸收回到位后，翻转倾翻油缸（倾翻油缸伸出）。

10) 投炉油缸收回到位后，翻转倾翻油缸（倾翻油缸伸出）倾翻溜槽抬起至水平位置，完成一垛残极加入作业。

(5) 重复以上作业，直至满足转炉一个阶段冷铜需求，或者将链板运输机上残极加完。

(6) 自动加料完成，现场关闭炉门。

5.2.21 开炉作业程序

5.2.21.1 烤炉

烤炉要求如下：

(1) 在检修之前与修炉人员沟通联系，进行人孔门砌筑时留足油枪孔空间，具体标准为 ϕ133mm，以确保二次风接头的使用。

(2) 110t 转炉二次风管道颜色为蓝色，管道阀门在管道初段，视标识牌而定。

(3) 86t 转炉烤炉时将捅风眼机供风金属软管卸下，安装在专用的烤炉接头上。

(4) 接到修炉车间砌炉作业完毕后的通知，横班长联系外围车间和相关项目负责人进行烤炉前相应的准备。

(5) 联系确认完毕后，横班长通知当班炉长用木材烘烤炉口。

(6) 烤炉前必须认真检查，检查油、风管道是否畅通，油管、风管是否与油枪连接好，位置是否正确，二次助燃风管道是否通畅，烤炉接头是否紧固，转炉砖体是否有掉砖、下沉、塌落等现象，发现问题及时汇报处理。

(7) 检查完毕后，将燃油枪镶嵌至烤炉专用风管内，点火之后将 110t 转炉二次风管道阀门开至 50%，86t 转炉打开一个支管阀门。

(8) 等重油开始燃烧后，增大重油阀门的开度，同时将 110t 转炉二次风管道阀门开至 100%，86t 转炉同时打开 2 个支管阀门，观察重油燃烧情况。

(9) 烤炉期间，炉长每小时对燃烧情况进行观察，确保炉内重油的燃烧，避免重油由于管路故障熄火，并做好记录。

(10) 烤炉期间，横班长及当班炉长密切关注转炉排空烟囱及 110t 转炉的环保烟囱，发现烟囱黑度有轻微超标时，及时进行烤炉情况的观察及调整，杜绝烤炉冒黑烟现象的发生。

(11) 大、中修炉子烤炉时间：中修炉子烤48h，大修炉子烤72h以上，并且严格按照升温曲线进行烤炉。转炉升温曲线如图 5-1 所示。

5.2.21.2 试车操作

试车操作过程如下：

(1) 当班炉长接到开炉前试车的指令后进行试车。

(2) 试车前确认炉子控制系统是否有挂牌，炉体周围是否有人和障碍物等情况，确认无误后通知电工送电。

试车的具体内容有炉体控制系统试车，供风、供氧系统试车、环保排烟系统试车等。

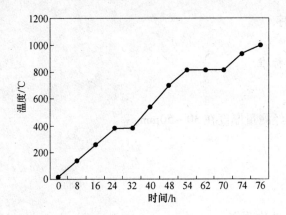

图 5-1　转炉升温曲线

（1）炉体控制系统试车：

1）确认转炉交直流前后倾转是否正常。

2）确认转炉后倾极限（-10°～-15°）限位停车是否正常。

3）确认事故及限位是否正常。

4）确认防止炉子后倾灌死风眼事故系统是否正常。

5）确认放渣及出炉过程中防前倾、翻炉允许开关是否正常。

（2）供风、供氧系统试车：

1）确认费舍尔阀开、停风自动、手动控制是否正常。

2）确认联动风阀、进风阀、放风阀是否正常。

3）确认氧气阀组各阀门开、关是否正常。

4）确认炉后捅风眼机运行是否正常。

（3）环保排烟系统试车：

1）确认旋转烟罩开、关是否正常。

2）确认环保阀门开、关是否正常。

3）确认 110t 转炉 DCS 控制系统是否正常。

4）确认密封小车卷扬卷筒钢丝绳位置是否正常。

5）确认密封小车上下运行及限位是否正常。

（4）上料系统试车：

1）确认石英闸板开、关是否正常。

2）确认皮带运行是否正常。

5.2.21.3　开炉操作

开炉操作过程如下：

（1）烤炉结束，联动试车完毕，具备开炉条件时通知调度室。

（2）调度室通知焙烧车间进行开炉前的准备，确认允许开炉后，转入正常生产。进料前停止重油烤炉，撤除油枪，糊好油枪工作门，按正常吹炼作业程序操作。

5.2.22　停炉作业程序

5.2.22.1　停炉标准

停炉标准如下：

（1）风口区砌体经测量厚度在 30~50mm。

（2）炉腹发红。

（3）炉肩掉砖。

（4）炉端墙掉砖。

5.2.22.2　停炉操作要求

停炉操作要求如下：

（1）接到停炉指令，操作炉长可进行洗炉操作。

1）洗炉前应检查炉况，如炉衬掉砖用镁泥补好后再进料洗炉。

2）进 7~8 包冰铜开风不加任何熔剂吹炼，直到洗净炉内黏结物。

3）吹炼中操作炉长应密切观察炉体情况。

4）确认达到洗炉标准后，联系电工解除炉子前倾限位，将炉内熔体彻底倒完，将炉口转至吹炼位置。

5）汇报调度室联系电工切断总电源开关，并确认控制系统所有开关处于断开状态。

6）确认石英皮带下料口闸板阀关闭，并加盖闸板阀防护罩。

7）把费舍尔阀切换到手动状态并关闭，或关闭进风阀。关闭氧气阀组流量调节阀和快速切断阀。

8）关闭环保蝶阀。

9）通知横班长洗炉完毕，横班长汇报厂调度室和其他相关车间准备进行检修。

（2）联系修炉车间打开工作门，自然降温或强制鼓风冷却。

（3）检修炉体前，清理炉口黏结物，清理烟道结块，通知余热炉打焦，为砌炉创造良好条件。

5.3　岗位生产工艺控制程序

5.3.1　渣含硅控制程序

5.3.1.1　镍转炉渣含硅的自检

A　自检手段

通过公式，火焰颜色、火焰形状、喷溅物、渣花、渣汗、炉内石英量、渣样等进行经验判断。

B 自检标准

a 熔剂的加入量

根据低冰铜品位、熔剂中的二氧化硅（SiO_2）量以及转炉渣型的 SiO_2 含量而决定熔剂的加入量。

可用下式计算：

$$G = A/H \times B/N$$

式中 G——熔剂加入量，t；

A——低冰铜中的含铁量，t；

H——转炉渣含铁质量分数，%；

B——转炉渣含 SiO_2 质量分数，%；

N——熔剂中含 SiO_2 质量分数，%。

b 火焰颜色

只要冰铜中的 $w(Cu) + w(Fe) + w(S) > 90\%$，火焰颜色是固定的，正常的，都是由红棕色变成浅蓝色或淡绿色。当石英加入炉内，颜色为棕红色和浑浊的草绿色。当炉内石英基本加够时，为棕红色并不时出现乳白条。当炉内石英已经加够时，转炉渣中含 $w(SiO_2)$ 约为 22% ~ 26%，火焰呈 2/5 或 2/3 的乳白色或夹有天蓝色条子不时出现，表明炉内的渣子已基本造好。当渣含硅低于 20% 时，火焰颜色表现为淡绿色。

c 火焰形状

炉内渣子造好后，炉温升至 1250℃以上，火焰清秀透明，火焰由低到高，旺盛有劲而发亮。

d 喷溅物

渣子造好后，黏度小，流动性好，从炉口喷溅出来的炉渣落到炉壳和裙板上，即成片状，并且会自己翘起来，无韧性。喷溅物落地上成球状，中空易碎。

e 渣花

炉内渣子造好后，炉口喷溅频繁，细而亮，轻飘无力，似雪花一样的渣花在炉口周围大量出现。

f 渣汗

炉内渣子造好后，炉口内壁出现渣汗，流动性好，黏度较小。喷在炉口内壁上，形成小滴有如汗珠一样。

g 炉内观察判断

当转炉停风时，可从炉口观察炉内熔体表面，若有明显石英石颗粒层，则表明炉内 SiO_2 充足，否则 SiO_2 不足，应补加石英石。

h 渣样

炉后的钎样或炉前的渣板样，呈钢灰色或银灰色，铜渣分离清楚，渣样表面少许翻红色和土红色，无油脂光泽，平滑而脆，钎头有小刺，钎样平滑有凸起裂纹，渣样点滴均匀。当渣含硅低于20%时，渣样表面颜色呈褐红色。

5.3.1.2 渣含硅不足的判断

渣含硅不足的判断如下：
（1）火焰颜色：不时出现蓝白色条子。
（2）喷溅物：从炉口喷出的炉渣粘在炉壳和衬板上马上变黑。
（3）炉后钢钎表面有刺状黏结物。
（4）从炉内观察，熔体表面有少量的石英石颗粒。
（5）渣子发黏。
（6）渣样发黑，表面粗糙。

5.3.1.3 渣含硅不足的操作

渣含硅不足的操作如下：
（1）适当提高炉温。
（2）执行进料操作进一包低冰铜。
（3）补加石英时，应分多次加入，每次加入15s左右。

5.3.1.4 渣含硅过多的判断

渣含硅过多的判断如下：
（1）喷溅物：先是有少量的渣喷出继而大量喷出。
（2）炉口钢钎表面粘结成棒有石英石颗粒。
（3）从炉口观察，炉内石英石厚度超过50mm。
（4）渣样表面有油光泽，有皱纹，有明显石英颗粒。

5.3.1.5 渣含硅过多的操作

渣含硅过多的操作如下：
（1）放出一部分渣子。
（2）执行进料操作，进一包低冰铜继续吹炼。
（3）应减少石英石的加入量。

5.3.2 温度控制程序

5.3.2.1 自检手段

通过火焰颜色、火焰形状、炉内观察等进行经验判断。

5.3.2.2 自检标准

自检标准如下：

（1）火焰呈蓝色喷射短而有力，即达到造渣温度 1200～1250℃。火焰清秀透明，喷射短而有劲，即达到筛炉温度 1250～1280℃。

（2）火焰呈暗红色，摇摆无力，说明炉温低于 1150℃。

（3）火焰呈白炽状，停风后，从炉口观察炉衬耀眼，砖缝明显，那说明炉温超过 1300℃。

5.3.2.3　炉温低的操作

炉温低的操作如下：

（1）当火焰呈暗红，摇摆无力，操作炉长通知炉后工不间断地进行捅风眼操作。

（2）当火焰逐步发蓝，喷射有力时，操作炉长指挥炉后工每隔 2min 清理一遍风眼。

5.3.2.4　炉温高的操作

炉温高的操作如下：

（1）当火焰呈白炽状，停风后，从炉口观察炉衬耀眼，炉内砖缝明显时，说明炉温超过 1280℃。

（2）操作炉长通知指吊工加包装冷料 1 包或高品位冷料 1 斗。

5.3.3　粗铜终点控制程序

5.3.3.1　粗铜终点的自检

A　自检手段

通过铜花、火焰颜色、喷溅物、钎样、铜雨、铜汗、试样等进行经验判断。

B　自检标准

a　铜花

实质就是熔解在金属铜相内的硫化亚铜相消失的过程中，就是来花的过程。硫化亚铜与氧化亚铜在炉体外部起交互反应的结果产生了铜花。铜花由小—中—大—小—收花这样一个过程。待收花后，即可转动炉子出铜。

b　火焰颜色

出铜时火焰为棕红色，清秀透明。火焰短而散，摇摆不定、无力。硫烟消失，有大量的铜雾出现。

c　喷溅物

由于铜的品位升高，喷溅物具有一定的弹性，落在裙板上犹如跳舞一样。

d　钎样

炉后钎样经水冷却后，呈玫瑰色或金黄色，平滑致密，有金属光泽，有韧性，无气孔、无 Cu_2S 斑点。

e　出现铜雨

大小一样，亮度相同，均匀地从炉后掉下来，仿佛下雨一样，故称铜雨。

f　炉口内壁出现铜汗

就是当炉体转到放渣位置时，可看炉口内壁有铜珠形成，犹如汗珠一般。

g　炉口取样

用样勺到炉内取样，倒在铁板上经冷却后呈玫瑰色或金黄色，横断面无灰色。同时会鼓起小、中、大三样泡来。

5.3.3.2　粗铜终点的化学分析

根据初步自检情况判断产品合格，进行取样分析，最终指标按照检测化验结果为依据。

5.3.4　炉温过低纠正程序

炉温过低是指炉温低于1150℃，火焰暗红，摇摆无力。

5.3.4.1　处理方法

处理方法如下：

（1）组织炉后强行送风。

（2）与上一工序联系，进足够量的低冰铜；若炉内低温熔体面过高时，则先倒出2~3包低温熔体，再重新进足够量的低冰铜。

（3）适当提高氧气浓度。

5.3.4.2　预防控制程序

由作业长组织全班操作炉长进行分析，查找原因，制定相应的措施，并由工艺工程师负责，执行措施，由车间技术组负责检查验证执行情况，杜绝炉温过低再次出现。

5.3.5　炉温过高纠正程序

炉温过高是指炉内熔体温度超过1300℃，火焰呈白炽状态，炉衬耀眼，砖缝明显。

5.3.5.1　处理方法

处理方法如下：

（1）加入1包冷料或加皮带冷料5min。

（2）当无法加石英、冷料时将炉子转到现场指示进料位置，自然冷却。

5.3.5.2　预防控制程序

由炉长组织全班操作炉长进行分析，查找原因，制定相应的措施，并由工艺工程师负责，执行措施，由车间技术组负责检查验证执行情况，杜绝炉温过高再次出现。

5.3.6 渣过吹纠正程序

渣过吹现象为渣子从炉口喷出频繁，而且呈片状，过吹炉渣冷却后呈灰白色。

5.3.6.1 处理方法

处理方法如下：

（1）放出 1/3 包渣子，加入木材、电极糊等进行还原，然后缓慢、间断地加入一包低冰铜进行还原。

（2）加入石英 1~2min，吹炼 10~15min 后将渣子放出。

5.3.6.2 预防控制程序

由工艺工程师组织全班操作炉长进行分析，查找原因，制定相应的措施，并由工艺工程师负责，执行措施，由车间技术组负责检查验证执行情况，杜绝渣过吹再次出现。

5.3.7 铜过吹纠正程序

铜过吹是指出炉终点判断失误，铜样呈大炮铜、火山铜或平板铜。

5.3.7.1 处理方法

处理方法如下：

（1）转炉操作炉长发现铜过吹时，应立即将炉子转到进料位置停吹，处理前必须经当班横班长或工序负责人授权，汇报炉长，并通知指吊工、吊车工，三方确认后方可进低冰铜进行还原。

（2）加低冰铜前，炉长、指吊工必须确认炉内粗铜表面不能结壳，冰铜包内低冰铜不能结盖。

（3）加低冰铜时，炉长站在看水平台上指挥吊车工与操作炉长，操作操作炉长根据炉长发出的信号进行炉体转动，吊车工根据炉长手势及信号进行操作，指吊工要阻止行人与车辆在还原炉前通过，并禁止在转炉还原操作时该转炉前方的电炉炉前平台及电炉返渣平台有人操作。

（4）炉长在指挥往炉内加入冰铜还原时，注意先小后大，缓慢加入，并且要间断加入，观察炉内的反应剧烈程度。若炉内反应较为强烈时，立即中断加入，待炉内反应减缓后才能继续加入低冰铜进行还原直至氧化铜完全还原为粗铜为止。

（5）铜轻度过吹，只需加入少量的冷冰铜或清打一下炉口黏结物进行还原即可。

（6）终点判断按铜转炉生产控制参数控制程序 5.3.3 节执行。

5.3.7.2 预防控制程序

预防控制程序由车间组织技术人员及当炉作业操作炉长进行分析，查找原因，制定相应的措施，并由工艺工程师负责，执行措施，由车间技术组负责检查验证执行情况，杜绝过吹再次出现。

5.3.8 高镍锍含铁控制程序

5.3.8.1 高镍锍含铁的自检

A 自检手段

自检手段为：通过火焰颜色、试样进行经验判断。

B 自检标准

自检标准如下：

（1）当用试料勺取出的试样表面发灰，有黑斑、皱纹，说明铁已大部分除去，吹炼进入筛炉期。

（2）筛炉期石英加入要求精确控制，每次加入 10 ~ 20s，当火焰呈 1/3 淡绿色，说明含铁在 10% ~ 15%，当火焰呈 2/3，说明含铁在 2% ~ 4%，应用试料勺取样判断，当火焰呈单一绿色，说明含铁在 2% 以下，试样表面发灰，热砸开，断面发黑。

（3）当热态试样表面呈油光泽，断面金黄色，冷态试样断面，全为银白色，晶粒细腻，说明吹炼已到终点，高镍锍含铁在 2% ~ 4%。

5.3.8.2 粗铜终点的化学分析

根据初步自检情况判断产品合格，进行取样分析，最终指标按照检测化验结果为依据。

5.3.9 高镍锍过吹的操作

当高镍锍过吹时，说明含铁低于 2%，可进一包低镍锍进行还原。

6

转炉作业安全操作程序、动作标准

6.1 炉长、操作炉长岗位

炉长、操作炉长岗位要求见表6-1。

表6-1 炉长、操作炉长岗位要求

序号	操作程序	操作内容		动 作 标 准
1	接岗	1-1	接班	1-1-1 接班者提前15分钟到更衣室。
				1-1-2 穿戴好劳保用品，准备好口罩、手套、安全帽等。
				1-1-3 准时参加排班会，安全员、炉长讲安全注意事项，上班的生产情况。
				1-1-4 服从炉长安排工作，详细了解本班工作内容、生产情况。
				1-1-5 戴好安全帽，集体进入厂房上岗接班。
				1-1-6 交班者向接班者介绍情况，双方共同检查炉内、现场情况，试运行设备。
				1-1-7 接班如遇事故，应协助处理，事故处理后交班者将查出问题如实记录，双方签字办理交接手续
2	接岗	2-1	点检	2-1-1 详细检查炉内风口区，端墙有无掉砖，炉底、炉体、炉口有无发红、掉砖或烧损。
				2-1-2 检查修整好操作工具，栏杆是否可靠。
				2-1-3 检查送风、放风系统、仪表显示是否完好，是否具备生产条件。
				2-1-4 检查炉后挡板是否完好。
				2-1-5 检查残极加料机组链板输送机远程控制是否有效。
				2-1-6 检查残极加料机组液压泵站运行是否正常。
				2-1-7 检查加残极炉门开启、关闭是否正常。
				2-1-8 检查残极加料机组控制系统是否运行正常。
				2-1-9 发现问题及时汇报处理

序号	操作程序	操作内容		动 作 标 准	
2	接岗	2-2	准备	2-2-1	按程序试车。
				2-2-2	如果风眼区掉砖，进行护炉操作。
				2-2-3	通知炉助将风眼清开。
				2-2-4	指挥打炉口机将炉口黏结物清理。
				2-2-5	在炉助配合下，将炉口补好。
				2-2-6	炉口要求宽、浅、平，应在 300～1000mm。
				2-2-7	将炉口转到吹炼位置
3	吹炼操作	3-1	吹炼	3-1-1	配合指吊工指挥将物料安全地装入炉内。
				3-1-2	根据炉窑具体情况，进足够热料进行吹炼。
				3-1-3	开风后，吹炼 5～10 分钟后，加入定量石英。
				3-1-4	吹炼过程中应督促炉助加强工作，保证风量。
				3-1-5	吹炼中随时注意火焰、炉内温度。吹炼中随时注意炉体有无发红现象
		3-2	加石英造渣	3-2-1	检查石英皮带、石英挡板是否完好。
				3-2-2	检查石英水分、粒度，不能过潮。
				3-2-3	检查石英溜槽是否畅通，若不通应及时处理。
				3-2-4	检查操作系统是否完好。
				3-2-5	待检查完好，开风温度稍起后，加入适量石英造渣。
				3-2-6	防止吹表面，渣层过厚，渣过吹
		3-3	加冷料	3-3-1	待炉温过高，渣造好，放渣后，加入冷料。
				3-3-2	通知指吊工，冷料吊来后详细检查冷料包内有无易燃物、易爆物、大块。
				3-3-3	检查无误后，通知指吊工起吊。
				3-3-4	必须起位适当后，配合指吊工指挥将冷料缓慢加入炉内
		3-4	放渣	3-4-1	渣造好后，进行放渣工作。
				3-4-2	第一包渣炉长必须认真检查渣包，要求不漏、不潮。
				3-4-3	将炉口转出后停风，静止 2～3 分钟。
				3-4-4	缓慢将炉口转下，待渣流到炉口时停住。
				3-4-5	点动控制炉体前倾，向渣包中倾入少量渣子，无隐患后，再缓缓放入。
				3-4-6	放渣中，不断测试渣层厚度，防止将冰铜放入渣包。
				3-4-7	待渣包中渣子离包沿 200～300mm 时，将炉口抬起。
				3-4-8	以后放渣程序相同

序号	操作程序	操作内容		动 作 标 准
4	加残极操作	4-1	备料	4-1-1 操作人员在尾部操作台，控制箱转动链板输送机至适宜位置，通知叉车备料。
				4-1-2 按照指挥叉车将打包好的残极准确放置在链板输送机上。
				4-1-3 操作设备对链板输送机上残极整形，待整形装置返回，确认残极无过高、过长、偏位等，启动链板输送机向前转1.8m停止；在下一个待料位置通知叉车继续备料。
				4-1-4 如此反复，直至残极备满链板输送机。
				4-1-5 备料完成，控制箱上将控制按钮打至零位，停电
		4-2	加料	4-2-1 确认链板输送机已备满残极，确认转炉具备冷铜加入条件，可执行加料操作。
				4-2-2 提起炉门，翻转溜槽抬起至基本与链板水平位置，点动链板输送机向前转动1.8m，将一垛打包好的残极转送至推料小平台
				4-2-3 下降抬起推入装置至水平，将残极推进翻转溜槽，抬起推入装置返回和抬起。
				4-2-4 翻转溜槽下降至垂直位置，推入油缸启动开到位，将残极通过加料口推入炉内。
				4-2-5 推入油缸返回，倾翻溜槽抬起至水平位置，完成一垛残极加入作业。
				4-2-6 重复以上作业，直至满足转炉一个阶段冷铜需求，或者将链板运输机上残极加完。
				4-2-7 加料作业完成，放下炉门。
				4-2-8 控制箱停电
5	出炉	5-1	出炉	5-1-1 经过认真操作，筛炉、闭渣结束后出炉。
				5-1-2 配合指吊工指挥将出炉包坐好，不允许冲刷包子。
				5-1-3 向包内倒入熔体时要随时检查有无冲刷、翻花现象，否则立即停止，并通知指吊工处理。
				5-1-4 以后出炉程序相同。
				5-1-5 出最后一包时应尽量将粗铜倒出，但应避免将粘渣、石英等杂物带入包内。
				5-1-6 将炉口转到进料位置，切断电源。
				5-1-7 打扫干净本岗位卫生，准备交班

序号	操作程序	操作内容		动 作 标 准	
6	烤炉	6-1	检查	6-1-1	接到工序、调度通知烤炉。
				6-1-2	检查炉后平台照明是否完好。
				6-1-3	检查油管道、汽管道、风管道是否畅通，阀门是否完好。
				6-1-4	检查油枪、胶管是否畅通、完好。
				6-1-5	待上述检查完毕后戴好手套，一手拿手电先观察炉口周围，上部有无隐患。
				6-1-6	排除无误后，从炉后平台进入炉内。
				6-1-7	详细检查炉内砌筑是否完好，砖缝是否符合标准，有无抽砖
		6-2	烤炉准备	6-2-1	将炉子转到位。将风眼清理畅通。
				6-2-2	将胶管油枪、油管、风管连接好，开风试吹一下。
				6-2-3	准备好烤炉专用设施
		6-3	点火	6-3-1	将油棉纱点着，用钢筋等物挑入油枪孔内。
				6-3-2	在不开油的情况下，两手握油枪缓慢送入油枪孔，并在枪头挑上少量油棉纱引着。
				6-3-3	将空压风稍调出一些，经微开油阀门，待重油燃烧后，将油枪前部从油枪孔送入炉内。
				6-3-4	开油时不许将头正对油枪孔，防止反喷。
				6-3-5	将油枪固定好，不许摆动、后窜。
				6-3-6	点火后，先小火烘炉
		6-4	烤炉	6-4-1	大修炉待烘一小时后，将炉口在不断火情况下转到吹炼位置。
				6-4-2	随时注意炉内火焰，按照升温曲线进行烘烤，炉内不许冒黑烟。
				6-4-3	烤炉中观察调整火烤位置，要求均匀。
				6-4-4	班中、交班前各停油一次，检查有无积油。
				6-4-5	若炉内有积油时，不允许转动炉窑，停油，待油燃烧完后再点火烤炉。
				6-4-6	若油未燃完，在看水平台上用木柴棉纱点燃后投入炉内

序号	操作程序	操作内容		动 作 标 准	
7	停炉	7-1	准备	7-1-1	接到停炉通知，详细检查炉内各部位，耐火砖的情况，尤其风眼区及上部。
				7-1-2	如有漏、掉砖、发红情况必须补好，防止烧坏炉体。
				7-1-3	根据实际情况进料，准备洗炉
		7-2	洗炉	7-2-1	送风正常后，开风吹炼。
				7-2-2	吹炼过程中，逐渐向后倾，确保熔体没入风口。
				7-2-3	吹炼过程中，炉长、炉助应切实注意炉体情况，如有渗漏、发红现象应打水控制和转出停风检查。
				7-2-4	一般吹炼20~40分钟后转过检查，如洗干净即可倒出。
				7-2-5	在倒完最后一包后，直接将炉口朝下，待熔体全部倒完后，立即将炉口转至正常吹炼位置。
				7-2-6	停电，停风，汇报调度通知修炉车间打工作门
8	开炉	8-1	准备	8-1-1	检查炉内烤炉情况，温度是否达到要求。
				8-1-2	联系调度，询问排烟机是否开启正常，余热炉是否正常，高压风机供风情况。
				8-1-3	首先打开转炉进风阀、费舍尔阀和放风阀。
				8-1-4	炉长确认风压、风量无误后，准备开风试车。
				8-1-5	从控制室仪表上如风压显示正常。
				8-1-6	停油，拔出油枪，用空压风将油管吹净，放置好油枪。
				8-1-7	用红泥将油枪孔糊好。
				8-1-8	联系调度，通知焙烧将排烟机负荷提起
		8-2	开炉	8-2-1	检查水系统是否正常。
				8-2-2	按程序试车。
				8-2-3	检查照明工具。
				8-2-4	按作业指导书要求，给转炉进第一批料。
				8-2-5	开风吹炼，注意观察，按正常操作程序进行。
				8-2-6	交班者在交班前对操作炉窑进行一次检查和试运行

序号	操作程序		操作内容		动 作 标 准
9	交班准备	9-1	准备	9-1-1	测量转炉炉衬腐蚀、检查炉体情况。
				9-1-2	烤炉时，应观察炉内的火焰及炉温分布情况。
				9-1-3	交接风眼、炉内备料、吹炼进度及回渣情况。
				9-1-4	停修炉的停、修进度。
				9-1-5	操作使用工具是否齐全、摆放整齐。
				9-1-6	联系处理当班发生的故障。
				9-1-7	清扫操作平台所属卫生。
				9-1-8	填写好交班记录，准备交班

6.2 炉助岗位

炉助岗位要求见表6-2。

表6-2 炉助岗位要求

序号	操作程序		操作内容		动 作 标 准
1	接岗	1-1	接班	1-1-1	接班者提前15分钟到更衣室。
				1-1-2	穿戴好劳保用品，准备好防毒口罩、防尘帽、安全帽。
				1-1-3	准时参加排班会，炉长交代安全注意事项和上班生产情况。
				1-1-4	服从炉长安排工作，详细了解本班工作内容、生产情况。
				1-1-5	戴好安全帽，集体进入厂房，上岗接班。
				1-1-6	将使用工具、钎子、大锤、铁锹等拿到岗位上。
				1-1-7	接班者与交班者，共同检查炉后平台卫生。
				1-1-8	交班者向接班者介绍本班情况，双方共同检查风管有无烧断、脱节。
				1-1-9	接班如遇事故，待事故处理后，再行接班，接班者应协助处理。
				1-1-10	交班者将查出的问题如实记录，双方签字，办理交接手续
2	操作准备	2-1	检查	2-1-1	检查炉后平台照明是否完好。
				2-1-2	工具是否齐全，风眼机胶管是否完好。
				2-1-3	炉子转到吹炼位置，从左或右呈外蹲姿势，戴好手套，单手按顺序检查弹子阀盖是否松动，并紧固。
				2-1-4	检查钎子是否符合长 1.6~1.9m，大锤牢固。
				2-1-5	检查炉后捅风眼机是否完好

序号	操作程序		操作内容		动 作 标 准
2	操作准备	2-2	准备	2-2-1	炉子转到正位，关好炉后挡板。
				2-2-2	用大头钎子依次清开风眼，如清不动又不是堵死的，必须用大锤打开。
				2-2-3	打锤时扶钎者和打钎者不得站在同侧，打锤者不得戴手套，扶钎者必须戴手套。
				2-2-4	如有风管脱节、烧断，应联系维修工及时处理，并进行配合。
				2-2-5	如炉内有掉砖，应及时配合副炉长补炉。
				2-2-6	补炉时二人分立两侧围好围裙。
				2-2-7	一人将补料铲进勺前部放在炉口上迅速离开，以防烤伤。
				2-2-8	补好稍干，炉子转起后，协助副炉长取出插入钎子。
				2-2-9	将合格的钎子安装在风眼机上，并将风眼机停在炉体侧边，准备随时捅风眼操作
3	正常操作	3-1	操作	3-1-1	进料时，必须远离操作台，以防烫伤。
				3-1-2	开风后，炉子转到吹炼位置后，确认密封挡板、挡灰板关严后，方可进行操作。
				3-1-3	捅风眼要求快速、准确。
				3-1-4	如钎子被卡住，拔不出，应立即用大锤、甩子将钎子拔出。
				3-1-5	应保证钎头$\phi40mm$，如不足捅完钎头红后应在铁板上将钎头镦粗，并用锤砸厚，符合标准。
				3-1-6	班中操作，取钎子必须戴好手套，避免将手烫伤。
				3-1-7	操作中如听到有异常声响，立即将风眼机开到一边，防止被烟道块砸坏。
				3-1-8	吹炼和操作中如发现炉壳发红、有熔体渗漏、自转等立即通知副炉长、控制工。
				3-1-9	操作中接到炉体前转信号后，立即将风眼机小车开到安全位置后给控制工回铃，确认密封挡板、挡灰板完全打开后再给控制工回一声铃
4	出炉	4-1	清扫平台	4-1-1	将平台上石英砂铲净。
				4-1-2	用大扫帚，扫干净炉后平台。
				4-1-3	清扫时必须注意脚下，以防踏空。
				4-1-4	收拾好炉后工具，关好炉后水管。
				4-1-5	上下炉后梯子应注意安全

序号	操作程序	操作内容		动 作 标 准
5	交班准备	5-1	准备	5-1-1 交班者在交班前对所负责吹炼炉子的炉后平台加以检查。
				5-1-2 炉子弹子阀是否完好，风管有无烧断、脱节、照明是否完好。
				5-1-3 将本班组所使用工具钎子、大锤、铁锹等工具收好。
				5-1-4 填写好本班记录、准备交班

6.3 看水岗位

看水岗位要求见表6-3。

表6-3 看水岗位要求

序号	操作程序	操作内容		动 作 标 准
1	接岗	1-1	准备	1-1-1 提前15分钟上班，穿戴好劳保用品。
				1-1-2 参加班前会，接受班长的安全教育，了解上一班生产情况及本班生产任务。
				1-1-3 应备有手电筒、扳手等工具。
				1-1-4 岗位交接班时询问上一班水系统情况、出现的故障及遗留问题
		1-2	交接班检查	1-2-1 工具齐全，照明完好，卫生清洁。
				1-2-2 各水冷件回水温度、水量正常。
				1-2-3 炉周围有无漏水、积水迹象。
				1-2-4 各阀门、管道、焊口无漏水、渗水现象。
				1-2-5 各回水箱有无返水。
				1-2-6 记录准确，字迹清楚
2	班中检查	2-1	检查	2-1-1 每两小时检查一次各水冷件的通水情况，一般水冷件回水温度不得超过60℃，若温度过高，及增大水量。
				2-1-2 观察周围管道及各进水阀有无漏水、渗水现象。
				2-1-3 检查烟罩内各水冷件有无漏水。
				2-1-4 做好记录，字迹清楚、准确

序号	操作程序	操作内容		动 作 标 准
3	故障处理	3-1	处理	3-1-1　发现水冷件漏水，应立即汇报调度，并配合处理。若暂时无法处理，则必须请示专业技术人员，是否进行断水。
				3-1-2　发现水冷件断水，立即检查进水阀门是否发生故障或阀门开的过小。
				3-1-3　调节进水阀门，如仍然不通水，立即汇报炉长及调度采取措施，并将炉子停吹，炉口转至前方。
				3-1-4　查清断水原因，对断水水冷件送水时，要缓慢开启阀门，使其水套内产生的水汽缓缓排出后，方可将回水量调正常。决不允许将进水阀一次开大，造成管道、水冷件急骤冷却，以防发生漏水或水套爆炸。
				3-1-5　断水后的水冷件送水正常后，方可汇报炉长及调度，恢复正常吹炼并做好记录。
				3-1-6　回水箱发现返水要立即观察是否水量过大或是水箱有异物，调整回水量或清除异物后返水仍未排除（调整回水量不得过小，更不允许水冷件断水），要立即汇报炉长及调度采取措施，并将炉子停吹，炉口转至前方。
				3-1-7　返水故障排除，回水量调到正常后，方可汇报炉长及调度恢复正常吹炼，并做好记录
4	特殊情况的处理	4-1	处理	4-1-1　遇突然停电、停水，立即将炉子停吹，并将炉口转至前方。
				4-1-2　接到调度泵房停电、停水的通知后，要立即将炉子停吹，并将炉口转至前方。
				4-1-3　停电、停水故障排除后，首先检查各水冷件回水是否正常，有无漏水，确认一切正常后，方可恢复吹炼，并做好记录
5	维护保养	5-1	维护保养	5-1-1　维护好水系统阀门，严格检查所有阀门是否完好，定时要对所有阀门彻底清灰，以保证阀门的开启灵活性。
				5-1-2　每班要对各回水箱及水牌进行清扫，以防污染水质

转炉检修与维护

7.1 设备维护检修周期

设备检修周期见表7-1。

表7-1 设备检修周期

检修类别	小修/月	中修/年	大修/年
检修周期	1~3	2~3	7~10

注：检修周期不包括更换耐火砖，大修工期按工作量具体确定。

7.2 设备小、中、大修内容

7.2.1 小修

小修如下：
（1）紧固炉体传动各部位螺栓。
（2）更换制动器闸皮。
（3）更换水平风管。
（4）处理供风系统的漏风。
（5）更换球面接头、联动风闸密封圈。
（6）检查处理风箱密封情况、弹子阀及消声器状况。
（7）检查处理水系统漏点。

7.2.2 中修

中修如下：
（1）包括小修的全部内容。
（2）修补或更换固定炉口座、炉口，并挖补炉口区的筒体。
（3）更换托轮、小齿轮轴轴瓦。
（4）更换球面接头、联动风闸损坏件。
（5）对磨损严重的异缘托辊进行翻面。

（6）更换制动轮联轴器尼龙柱销。

（7）密封小车更换钢丝绳、车体连接螺栓、走轮轴瓦。

（8）密封小车减速机换油，更换联轴器尼龙柱销。

（9）旋转烟罩减速机换油，更换联轴器尼龙柱销。

（10）检查炉口的烧损情况或更换炉口。

（11）检查上下护板变形情况或更换裙板。

7.2.3 大修

大修如下：

（1）包括中修的全部内容。

（2）更换减速机。

（3）更换托圈、大齿圈。

（4）更换筒体。

（5）更换托辊。

7.3 检修前具备的条件

检修前具备的条件如下：

（1）解除炉体前、后倾极限位，将炉体转动至检修位置停车。

（2）炉体交、直流电全部断电，室内、外控制柜挂牌警示。

（3）手动关闭送风管道截止阀。

（4）将水套黏结的烟道块清打干净。

7.4 设备检修拆除安装步骤

7.4.1 炉内衬砖检修步骤

炉内衬砖检修步骤如下：

（1）转炉洗停后，解除前、后倾限位，将炉口转至炉后平台后炉体断电。

（2）联系修炉人员打开人孔门，架设轴流风机。

（3）炉体冷却后，对水套黏结烟道块进行清打，并清铲安全坑。

（4）对受损区域衬砖进行鉴定，确定检修部位及施工方案。

（5）使用风镐将要挖补区域的残砖打掉，周围砖茬找齐，杂物清理干净，交于修炉车间验收。

（6）验收合格后，修炉人员按照砌筑规范进行砌筑作业。

（7）修炉砌筑工作结束后，项目负责人对砌炉质量进行验收交接。

（8）验收合格后，炉窑进行油烤烘炉。

7.4.2 托辊及轴瓦检修步骤

托辊及轴瓦检修步骤如下：
(1) 炉口转至 0°位置停电挂牌。
(2) 用千斤顶顶起炉体 100～150mm（更换滑动端时断开双球面活接头）。
(3) 拆除托辊轴瓦上盖螺栓，在上盖处做好标记。
(4) 炉体焊接支点吊出托辊。
(5) 取出轴瓦。
(6) 安装按照相反程序进行。

7.4.3 双球面活接头密封件检修步骤

双球面活接头密封件检修步骤如下：
(1) 炉口转至 0°位置停电挂牌，确认关闭进风阀。
(2) 吊住双球面活接头筒体中间部位。
(3) 拆除两端连接螺栓。
(4) 连接部位做好标记。
(5) 移动筒体。
(6) 拆除旧密封件。
(7) 安装新密封件（密封件安装部位加耐高温润滑脂）。
(8) 按拆除步骤反向逐步恢复。
(9) 调整中间调整吊架。

7.5 检修质量标准

7.5.1 托辊

托辊要求：
(1) 两组托辊底盘中心线间距允许为 +3mm。
(2) 两组托辊底盘的纵向中心线应重合，其不重合度偏差为 0.5mm，横向中心线应平行，其不平行度每米为 0.5mm。
(3) 主轴承底盘的不水平度每米为 0.15mm。
(4) 托圈表面必须有 90%（在宽度方向）与托辊接触。

7.5.2 齿圈、托圈

齿圈、托圈要求：
(1) 两托圈装于筒体上后，其纵向中心线应与筒体的中心线重合，其不重合度偏差为 0.7mm，横向中心线距离误差为 +3mm，但中心线应平行，其不平行度每米为 0.8mm。
(2) 两半齿或四半齿对接处齿节距偏差不得大于齿模数的 5‰。

（3）齿圈、托圈与筒体连接的螺栓孔，在齿圈、托圈校好后，配以精致螺栓，其配合一般为 A/gc。

7.5.3 传动部分

传动部分要求：

（1）小齿轮轴与筒体中心线的不平行度，每米应不大于 0.15mm。

（2）齿圈与小齿轮的啮合应符合下列要求：

1）齿顶间隙应为 0.25 的模数加齿轮径向跳动量。

2）齿侧间隙为 1.70 ~ 2.45mm。

3）齿面接隙面积不应少于齿高的 40% 和齿宽的 50%，并应趋于齿侧间的中部。

（3）联轴节两轴的不同轴度：

1）径向位移：小于 0.15mm。

2）倾斜：小于 0.6‰。

（4）减速机输出轴的水平度不应超过 0.15‰，其余各轴以齿轮啮合良好为准。

7.5.4 炉体

炉体要求：

（1）护板所有螺栓齐全、紧固。

（2）炉体无 $100mm^2$ 以上的孔洞。

（3）齿圈、托圈与筒体连接螺栓齐全、紧固。

7.5.5 旋转烟罩

旋转烟罩要求：

（1）上下支架螺栓齐全、紧固。

（2）轴承箱润滑良好，无异常声音。

（3）联轴器尼龙柱销无折断，压盖无变形，螺栓齐全紧固。

7.5.6 密封小车

密封小车要求：

（1）钢丝绳直径 36.15mm，无断丝断股、绳股无挤出，不可出现回火火色。

（2）钢丝绳卡头不少于 5 个。

（3）滑轮地脚紧固，传动正常。

（4）卡头的大小要适合钢丝绳的粗细，U 形环的内侧净距，要比钢丝绳直径大 1 ~ 3mm，净距太大不易卡紧绳子。

（5）使用时，要把 U 形螺栓拧紧，直到钢丝绳被压扁 1/3 左右为止。

（6）绳卡之间的排列间距为钢丝绳直径的 6 ~ 7 倍左右，绳卡要一顺排列，应将 U 形环部分卡在绳头的一面，压板放在主绳的一面。

（7）钢丝绳卡头安装后受载一、二次应做检查是否松动。

7.6 试车与验收

试车与验收要求：

（1）检修质量符合规程要求后，进行试运转，空负荷单体试车，确认炉体运转正常、各个限位灵敏无误后，进行联动试车，确认各个连锁灵活可靠。

（2）将试运转的情况，记录于验收单上，验收人员须在验收单上签字。

7.7 设备点检标准

转炉点检标准见表 7-2。

表 7-2 转炉点检标准

检查部位	检 查 标 准	点检周期/h
滚圈、托辊	（1）接触表面无炉渣等杂物； （2）接触表面无机械损伤	4
齿圈和小齿轮	（1）齿圈螺栓无松动； （2）小齿轮与齿圈的啮合面上无炉渣等杂质； （3）润滑充分	4
电动机、减速机	（1）电动机无异响，电流波动正常； （2）减速机无异响、润滑油量高于下位	4
齿轮联轴器	（1）齿轮联轴器无异响； （2）齿轮联轴器保护罩无破损、变形	4
密封小车	（1）密封小车锚链、钢丝绳完好； （2）密封小车在上、下限位能正常停车	4
旋转烟罩	（1）旋转烟罩本体无破损、变形； （2）旋转烟罩限位开合正常； （3）旋转烟罩联轴器保护罩无破损、变形	4

7.8 设备检查维护

7.8.1 设备润滑

转炉设备润滑见表 7-3。

表7-3 转炉设备润滑

序 号	润滑部位名称	润滑点数	润滑油脂名称	润滑周期
1	炉体传动减速机	1	N320中负荷齿轮油	6个月
2	联轴器	1	3号钙基润滑油脂	1年
3	小齿轮	5	3号钙基润滑油脂	1周
4	托辊轴轴瓦	8	3号钙基润滑油脂	1周
5	小车卷扬卷筒	1	3号钙基润滑油脂	15天
6	旋转烟罩减速机	1	N320中负荷齿轮油	3个月
7	小车卷扬减速机	1	N320中负荷齿轮油	3个月

7.8.2 运转中检查

运转中检查如下：
(1) 检查托辊无杂声和振动，减速机在运转中无异常声音。
(2) 检查托辊、减速机及轴承的润滑。
(3) 检查水冷件无泄漏和堵塞现象。
(4) 检查托圈及齿圈接触面无杂物。
(5) 检查电机前后轴承温度正常、无振动、运行声音正常。

7.8.3 日常维护和调整

日常维护和调整如下：
(1) 定期检查紧固托圈与齿圈的连接螺栓，保证受力均匀。
(2) 定期检查紧固传动各系统部件地脚螺栓和连接螺栓。
(3) 保持托圈与托轮接触面的清洁，定期清理积灰和杂物。
(4) 托轮轴瓦与小齿轮轴瓦定期检查磨损程度和间隙，必要时进行调整，轴瓦接触面调整。

7.9 异常及故障排除

常见故障及处理方法见表7-4。

表7-4 常见故障及处理方法

故障表象	故障原因	解决措施
炉体不转	(1) 抱闸调整不当，打不开； (2) 联轴器销轴扭断； (3) 托辊、小齿轮轴座不转，润滑不良； (4) 减速机故障，传动系统发卡； (5) 炉体托圈或滚圈部位有异物发卡； (6) 控制系统故障	(1) 调整抱闸； (2) 更换连接销轴； (3) 加油润滑各润滑点； (4) 检查处理减速机或更换减速机； (5) 检查查找发卡部位异物，去除异物； (6) 检查处理交、直流电动机

故障表象	故 障 原 因	解 决 措 施
供风管道跑风	(1) 弹子仓松动，密封不严； (2) 风帽松动； (3) 弹子磨损严重； (4) U 形风箱法兰松动	(1) 紧固螺栓或更换弹子仓； (2) 紧固或更换风帽； (3) 更换弹子； (4) 更换垫片，紧固法兰连接螺栓
旋转烟罩不动作	(1) 联轴器销轴断裂； (2) 减速机故障，不转； (3) 轴承座轴承损坏，润滑不足； (4) 限位故障； (5) 电机跳电故障	(1) 更换销轴； (2) 修复或更换减速机； (3) 更换轴承，加油润滑； (4) 调整或更换限位； (5) 检查处理电机故障

转炉作业事故应急

8.1 转炉区域分布图及应急逃生路线

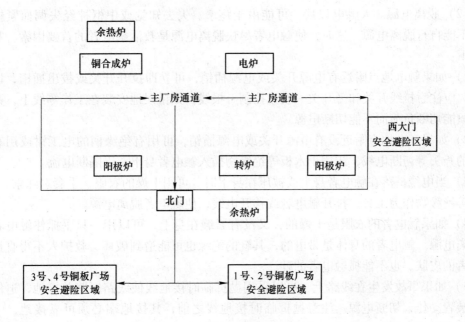

8.2 二氧化硫/氯气泄漏下的应急操作及紧急避险

二氧化硫/氯气泄漏下的应急操作及紧急避险措施：

（1）迅速汇报上级部门，以便对泄漏区进行控制隔离，防止有毒气体泄漏事故扩大化。

（2）确认引起人员中毒的毒物性质，抢救人员进入危险区域前必须戴好相应的防毒面具或空气呼吸器等防护用品。

（3）氯气中毒和窒息：对吸入氯气者要立即脱离现场到上风口处保持安静及保暖；对眼或皮肤接触到液氯时立即用清水彻底冲洗。对呼吸心跳停止的人员，要立即进行人工呼吸和胸外心脏按压术进行现场急救并急送医院进行医治。

（4）二氧化硫烟气中毒和窒息：皮肤接触，立即脱去被污染的衣着，用大量流动清水冲洗；眼睛接触，提起眼睑，用流动清水或生理盐水冲洗；大量吸入，迅速脱离现场运至空气新鲜处，保持呼吸道畅通，如呼吸困难或呼吸停止，立即进行人工呼吸。

（5）氮气窒息：对造成氮气窒息人员立即送到空气畅通的地方，在事故现场发生呼吸停止者要及时施行人工呼吸，避免随之而发生心脏停止跳动。

（6）氧气中毒：吸入过量氧气时，要迅速脱离现场至空气新鲜处，保持呼吸道通畅。若呼吸停止，立即进行人工呼吸。

8.3　触电急救

触电急救措施：

（1）迅速拨打急救电话8811120、8210120或120，然后尝试对触电人员进行临时急救。

（2）脱离电源。人触电以后，可能由于痉挛、失去知觉或中枢神经失调而紧抓带电体，不能自行脱离电源。这时，使触电者尽快脱离电源是救活触电者的首要因素。具体方法如下：

1）如果触电地点附近有电源开关或电源插销，可立即拉开开关或拔出插销，以断开电源。应注意拉线开关和平开关一般只控制一根线，如错误地安装在工作零线上，则断开开关只能切断负荷而不能切断电源。

2）如果触电地点附近没有电源开关或电源插销，可用有绝缘柄的电工钳或用有干燥木柄的斧头等切断电线，或用干木板等绝缘物插入触电者身下，以隔断电流。

3）当电线搭落在触电者身上或被压在身下时，可用干燥的衣服、手套、绳索、木板、木棒等绝缘物作为工具，拉开触电者或移开电线，使触电者脱离电源。

4）如果触电者的衣服是干燥的，又没有紧缠在身上，可以用一只手抓住触电者的衣服拉离电源。触电者的身体是带电的，其鞋的绝缘也可能遭到破坏，救护人不得直接接触触电者的皮肤，也不能抓触电者的鞋。

5）如果事故发生在线路上，可以采用抛掷临时接地线使线路短路并接地，迫使速断保护装置动作，切断电源。注意抛掷临时接地线之前，其接地端必须可靠接地，一旦抛出，立即撒手，抛出的一端不可触及触电人或其他人。

6）想办法通知前级停电。

7）注意事项：救护人不可用金属或潮湿的物件以及其他导电性的物体作为救护工具，必须使用适当的绝缘工具；注意防止触电者脱离电源后可能的摔伤；当事故发生在夜间或照明不好的区域，应快速解决临时照明问题，以有利于抢救；必要时，实施紧急停电前应考虑到事故扩大化的可能性。

（3）现场急救：

1）如果触电者伤势不重，神志清醒，但有些心慌、四肢发麻、全身无力，或触电者曾一度昏迷，但已清醒过来，应使触电者安静休息，不要走动，注意观察并等待医生前来治疗或送往医院。

2）如果触电者伤势较重，已经失去知觉，但心脏跳动和呼吸尚未中断，应使触电者安静地平卧；保持空气流通，解开其紧身衣服以利于呼吸；若天气寒冷，应注意保温；并严密观察，等待医生前来治疗或送往医院。

3）如果触电者伤势严重，呼吸停止或心脏跳动停止，或二者都已经停止，应立即施行人工呼吸和胸外挤压急救，等待医生前来治疗或送往医院。

8.4 烫伤急救

烫伤急救措施：

（1）实行现场救护前迅速拨打急救电话8811120、8210120或120。

（2）高温熔体、高温气体、火焰烧伤等引起的灼烫事故参照火灾烧伤应急处理措施。

（3）由酸、碱、盐、有机物引起的体内外化学灼伤，应迅速脱离现场，清除残余化学物质，脱去衣服，用大量的自来水冲洗，时间不能小于30分钟，如有头、面部、眼睛等部位被灼伤，应优先处理；酸碱引起的烧伤不可用中和剂。

8.5 火灾预防与应急处理

火灾预防与应急处理措施：

（1）迅速脱离火、热源，尽快脱去着火或沸液浸渍的衣服。

（2）除烧伤外，检查有无其他伤害，如休克、窒息、大出血时应首先处理。

（3）用干净的口罩、被单、衣服等包裹创面，创面不可涂有色外用药，创面水泡不要弄破。

（4）如伤员口渴，可饮用生理盐水，不可喝生水或过多喝开水。

8.6 物体打击急救与处理

物体打击急救与处理措施：

（1）迅速拨打急救电话8811120、8210120或120，等待医生前来救护或送往医院。

（2）止血：头、颈、四肢动脉大血管出血的临时止血应采用压迫止血法。果断地用手指或手掌用力压紧靠近心脏一端的动脉跳动处，并把血管压紧在骨头上，能很快地起到临时止血的效果。四肢大血管出血必须采用止血带止血法，用止血带，也可用纱布、毛巾、布带或绳子等代替，绕肢体绑扎打结固定，或在结内穿一根短木棒，转动此棒，绞紧止血带，直到不流血为止，然后把棒固定在肢体上。在绑扎和绞止血带时，不能过紧或过松。

（3）颅脑损伤、胸部损伤和腹部损伤后，可先控制出血，等待救援。同时保持昏迷伤员的呼吸道畅通，如有内脏脱出，一般不要还纳入腹，可用干净毛巾、口罩或纱布等覆盖，用一干净饭碗扣住，保护好后再进行包扎。

（4）骨折：若确定伤员骨折或有骨折的可能，不可移动伤员，派专人在旁监护，并对周围现场进行检查，清除高处的杂物，防止坠物伤人。

（5）若肢体被运转设备绞住，应立即停止设备运转或通知岗位操作人员处理，然后等待救护，并进行相应现场急救。不可硬扯伤员，若肢体已断，应立即取出断肢，用干净毛巾、口罩或纱布等覆盖断口，与伤员一同送往医院。

8.7 翻炉事故应急处理程序

翻炉事故处理：向前翻炉后立即将安全坑内的渣包吊出，防止熔体流出安全坑之外，及时覆盖一层冷料或打水处理防止烤坏其他设施。如向后翻炉立即组织炉后及周围人员撤离，确认安全后及时组织抢修。

8.8 操作过程中停风应急处理程序

炉长立即将炉子风口转出熔体面，并按程序汇报，联系风机岗位组织处理或开启备用设备，待送风正常后恢复正常生产作业。

8.9 操作过程中停电应急处理程序

立即利用转炉直流倾转将转炉风眼区转出熔体面，然后执行停风操作。

8.10 操作过程中停水应急处理程序

操作过程中停水应急处理程序如下：

(1) 烟道水冷系统异常状态是指转炉水冷烟道系统的管网、阀门或水套严重漏水，或水套断水的状态。

(2) 当转炉水冷烟道系统的管网、阀门或水套严重漏水，操作炉长应及时关闭给水总阀，操作炉长应及时汇报车间横班长，组织维修工堵漏、密封处理。

(3) 若漏水直接威胁到转炉吹炼生产，操作炉长应立即停止吹炼操作，直至漏水事故处理完毕。

(4) 当发生水套断水事故，应立即查明原因，汇报车间横班长组织处理，若原因不能及时查明，则应联系车间项目负责人查因、处理。

8.11 炉腹发红应急处理程序

转炉炉体发生异常操作，常见为转炉耐火材料烧穿、掉砖，致使转炉炉壳发红或烧漏，操作炉长应立即将风眼区转出渣面，执行停吹操作，汇报车间横班长，视具体状况，决定继续吹炼、耐火材料热补、或停吹倒炉。

8.12 炉温过低应急处理程序

炉温过低应急处理程序如下：

（1）组织炉后强行送风。

（2）与上一工序联系，进足够量的低冰铜；若炉内低温熔体面过高时，则先倒出 2～3 包低温熔体，再重新进足够量的低冰铜。

（3）适当提高氧气浓度。

8.13　炉温过高应急处理程序

炉温过高应急处理程序如下：

（1）加入 1 包冷料或加皮带冷料 5 分钟。

（2）当无法加石英、冷料时将炉子转到现场指示进料位置，自然冷却。

8.14　渣过吹应急处理程序

渣过吹应急处理程序如下：

（1）渣过吹原因：渣造好后，没有及时放渣而造成渣子过吹。

（2）渣过吹表现：转炉渣喷出频繁，而且呈散片状，正常时喷出的转炉渣呈圆的颗粒状，过吹炉渣冷却后呈灰白色，放渣时流动性不好，倒入渣包时易黏结，而且渣壳较厚。

（3）渣过吹危害：炉渣过吹主要损害是炉渣酸度大、侵蚀炉衬，渣中金属损失增加。

（4）渣过吹的处理方法：向炉内加入低镍锍或木柴、废铁等还原性物质后，开风还原吹炼，依据过吹程度不同，还原吹炼时间控制在 5～10 分钟，之后将转炉渣放出。

8.15　铜过吹应急处理程序

铜过吹应急处理程序如下：

（1）转炉操作炉长发现铜过吹时，应立即将炉子转到进料位置停吹，处理前必须经当班横班长或工序负责人授权，汇报炉长，并通知指吊工、吊车工，三方确认后方可进低冰铜进行还原。

（2）加低冰铜前，炉长、指吊工必须确认炉内粗铜表面不能结壳，冰铜包内低冰铜不能结盖。

（3）加低冰铜时，炉长站在看水平台上指挥吊车工与操作炉长，操作炉长根据炉长发出的信号进行炉体转动，吊车工根据炉长手势及信号进行操作，指吊工要阻止行人与车辆在还原炉前通过，并禁止在转炉还原操作时该转炉前方的电炉炉前平台及电炉返渣平台有人操作。

（4）炉长在指挥往炉内加入冰铜还原时，注意先小后大，缓慢加入，并且要间断加入，观察炉内的反应剧烈程度。若炉内反应较为强烈时，立即中断加入，待炉内反应减缓后才能继续加入低冰铜进行还原直至氧化铜完全还原为粗铜为止。

（5）铜轻度过吹，只需加入少量的冷冰铜或清打一下炉口黏结物进行还原即可。

8.16 渣含硅过高或不足处理程序

8.16.1 渣含硅过多判断

渣含硅过多判断如下：
（1）从喷溅物看先是有少量的渣喷出继而大量喷出。
（2）炉口钢钎表面黏结成棒有石英石颗粒。
（3）从炉口观察，炉内石英石厚度超过 50mm。
（4）渣样表面有油光泽，有皱纹，有明显石英颗粒。

8.16.2 转炉渣含硅不足判断

转炉渣含硅不足判断如下：
（1）火焰颜色不时出现蓝白色条子。
（2）喷溅物：从炉口喷出的炉渣粘在炉壳和衬板上马上变黑，喷出的颗粒细小，有弹性。
（3）炉后钢钎表面有刺状黏结物。
（4）从炉内观察，熔体表面有少量的石英石颗粒。
（5）渣子发黏。
（6）渣样发黑，表面粗糙。

8.17 转炉传动系统故障应急处理程序

转炉传动系统故障或事故状态是指转炉传动系统设备出现机械、电气故障，转炉不能正常转动时，炉长应立即通知控制工启动直流电机，将风眼区转出渣面，执行停吹操作，汇报班长组织处理，直至试车正常，影响生产时可联系倒炉。

8.18 转炉排烟系统故障操作程序

排烟机出现设备故障或参数异常，导致排烟系统负压波动、烟气外泄时，联系焙烧车间采取措施，直到排烟正常；情况严重时，立即停止吹炼或提前出炉，等候处理。

8.19 转炉炉内掉砖、烧穿应急处理程序

转炉炉内掉砖、烧穿应急处理程序如下：
（1）风眼区炉壳发红：端墙部位发红：立即在表面喷水或通风散热，待出炉后做进一步处理。

（2）炉口部位炉壳发红：加大石英、冷料投入量，借助熔体喷溅，自行挂渣。

（3）炉壳局部洞穿：在风眼区位置，可将炉子转出液面，用石棉绳和镁泥堵塞，继续吹炼，出炉后从炉内用镁泥填补或倒炉处理。在炉身或端墙位置，立即倾转将熔体倒入铜包或直接排放到安全坑中，必须停炉检修。在炉口位置，加大石英、冷料投入量，控制送风量，使烧漏部位自行挂渣。

铜锍吹炼的其他方法

除了 PS 转炉吹炼法外，行业上还有反射炉式连续吹炼工艺、诺兰达连续吹炼工艺、澳斯麦特吹炼工艺、三菱法、底吹炉吹炼工艺、侧吹炉吹炼工艺等。

9.1 反射炉式连续吹炼

我国富春江冶炼厂开发的反射炉式的吹炼炉（也称连吹炉）为小型铜冶炼厂开辟了铜锍吹炼的新途径。邵武冶炼厂、烟台冶炼厂、红透山矿冶炼厂、滇中冶炼厂等相继采用了这种炉型进行铜锍吹炼。

连吹炉每个吹炼周期包括造渣、造铜和出铜三个阶段。操作周期为 7～8h，其中造渣期为 5.5～7h，造铜期为 0.75～1.2h，出铜时间为 0.5～1.0h。事实上，与澳斯麦特炉一样，这两种吹炼炉仍然保留着间断作业的部分方式，仅只是在第 1 周期内进料—放渣的多次作业改变为不停风作业，提高了送风时率。烟气量和烟气中 SO_2 浓度相对稳定，漏风率小，SO_2 浓度较高，在一定程度上为制酸创造了较好的条件。例如，1999 年新建设的滇中冶炼厂，采用富氧密闭鼓风炉—反射炉式连吹炉流程，在其他条件相配合较好的情况下全厂的烟气能够进行两转两吸制酸，硫的利用率达到 96%，SO_2 达到 2 级排放标准，基本无低空烟气逸散污染，保持了工厂内良好的环境。

由于连续吹风，避免了炉温的频繁急剧变化。又由于采用水套强制冷却炉衬，在炉衬上生成一层熔体覆盖层，炉衬的侵蚀速度缓慢，炉寿命被延长，以两次大修间生产的粗铜计，一般为 750～1500t/炉（次）。

反射炉式的连吹炉因其设备简单、投资省、尤其是在 SO_2 制酸方面比转炉有优点，因而适合于小型工厂。上述提到的滇中冶炼厂在投产正常以来，获得了较好的经济效益。

9.2 诺兰达连续吹炼转炉

在连续吹炼技术中，与熔炼过程一样，除了在气相中喷粉状炉料的闪速熔炼方式以外，可以在熔池中进行喷吹。诺兰达吹炼就是其中的一种。在诺兰达技术发展早期，就直接生产过粗铜。该过程遇到了如前所述的难以克服的 Fe_3O_4 困难后，便转向了由高品位锍吹炼成粗铜的研究。20 世纪 80 年代开发出了诺兰达吹炼法（简称 NCV），1997 年 11 月实现了工业化。诺兰达转炉直径 4.5m，长 19.8m，炉子一侧有 44 个风眼，其结构与诺兰达熔炼炉相似。诺兰达转炉在整个吹炼期间都存在着炉渣、硫和含硫较高的粗铜（简称半粗铜）。从诺兰达熔炼炉来的高品位液体锍通过液态锍加入口倒入炉内。固体锍、熔剂、冷料和焦炭用皮带运输机从端墙上的加料口加入。正常操作的炉渣自端墙上的放渣口排出，如果需要也可以从液态铳加入口倒出。半粗铜从炉侧两个放铜口中的一个放出。因此，炉子除了必要时转出撇渣外，风眼总是向炉内供风，送风时率可达90%。根据吹炼过程的需要，通过调整各种冷料（加固体铳、诺兰达熔炼炉渣精矿、各种返料）、焦炭的加入速率以及风眼鼓入的富氧空气氯浓度，可以进行炉温的控制。正常操作时，温度控制在1210℃。吹炼时熔体总液面高度的目标值为1400mm，硫层高度保持在 $1000 \sim 1250$ mm 之间，半粗铜层高度保持在 $300 \sim 450$ mm，转炉风眼中心线在炉底部衬砖以上 600mm 处，通常风眼浸没深度为 800mm，这样可以保证风眼鼓风吹到铳层中，避免风吹到对炉衬有强烈损害的半铜层中。

使诺兰达转炉吹炼顺利进行的关键之一是对熔炼炉产出的铜铳品位要很好的控制。此外，在放渣时为了降低渣中 Fe_3O_4 的含量，改善炉渣的流动性，需要格焦率提高到 $3 \sim 4t/h$。

诺兰达转炉采用的是铁硅酸盐炉渣，原因之一是除去某些杂质（如半粗铜中的 Pb）能力强；之二是炉渣能返回诺兰达熔炼炉进行处理，无须对全工艺流程作大调整；之三是如果需要，此渣能经缓冷、磨细和浮选处理，以回收有价金属，最后是用石英作熔剂的费用比石灰石作熔剂低。

由于诺兰达转炉风眼区铳成分变化小，在总风管风压一定时，每个风眼的气体流量大，PS 转炉每个风眼鼓风量一般为 $725 \sim 875 m^3/h$，而诺兰达转炉每个风眼正常鼓风量可达 $1100 \sim 1250 m^3/h$。因此，在同样情况下，诺兰达转炉风眼数量少，风眼黏结不严重，捅风眼次数少。当粗铜产量相同时，诺兰达转炉小时鼓风量比传统的 PS 转炉低，因此喷溅物少，炉口炉结少，可采用更严密的烟罩，减少冷风的吸入量。诺兰达转炉烟气 SO_2 浓度可达 12.3%。

诺兰达转炉风眼区炉衬损坏程度比 PS 转炉低得多。原因是各相层液面高度得到了控制，从而避免了风眼浸没在对炉衬寿命损害最剧烈的半粗铜相层中。由于氧化程度受白铜铳/半粗铜平衡的限制，因此炉渣不会被过氧化，因此，诺兰达转炉寿命超过 500d。

9.3 澳斯麦特炉吹炼

澳斯麦特炉也能够用来进行铜铳的吹炼。炉子结构和喷枪都没有不同之处。澳斯麦特吹炼的首次工业应用是在我国的中条山有色金属公司侯马冶炼厂，该厂于 1999 年建成投产。现以该厂为例做简要介绍。

圆形炉子内直径为 4.4m，外直径为 6.2m，高为 12.6m，喷枪直径为 0.35m。耐火材料为直接结合镁铬砖。

由澳斯麦特熔炼炉产出的铜铳，通过溜槽放入到吹炼炉连续地吹炼，直至吹炼炉内有 1.2m 左右高度的白铳，停止放铳，结束第 1 阶段。开始这一批白铳的吹炼到粗铜、吹炼渣被水淬成颗粒返回到熔炼炉。

9.4 三菱法吹炼

三菱法连续熔炼中的吹炼炉也是顶吹形式的一种。在一个圆形的炉中用直立式喷枪进行吹炼。喷枪内层喷石灰石粉，外环层喷含氧为 26% ~32% 的富氧空气。从熔炼炉流入吹炼炉的锍品位为 68% ~69%，粗铜品位为 98.5%，含硫 0.05%。炉渣为铜冶炼中首创的铁酸钙渣，其成分为 $w(Cu)13\% ~ 18\%$、$w(Fe)40\% ~ 43.9\%$、$w(S)0.09\% ~ 0.4\%$、$w(SiO_2)0.2\%$、$w(CaO)17.2\%$。

在喷吹方式上，三菱法不同于澳斯麦特法。前者将空气、氧气和熔剂喷到熔池表面上，通过熔体面上的薄渣层与锍进行氧化与造渣反应。也有部分反应发生在熔池表面，炉渣、锍和粗铜各层熔体处于相对静止状态。这种情况决定了三菱法必需使用 Fe_3O_4 不容易析出的铁酸钙均相渣，而且要保证渣层是薄的（限制硫中的铁量）后者的全部吹炼过程是在熔体内部进行，锍和渣处于混合搅动状态，吹炼温度较高（1300℃）。此外三菱法的喷枪是随着吹炼的进行不断地消耗，澳斯麦特喷枪头是定期更换。

9.5　底吹炉吹炼

国内（世界）第一台生产粗铜的底吹吹炼炉于 2014 年初在豫光金铅公司建成投产，处理的冰铜为底吹熔炼炉产出的品位在 65% 左右的热态冰铜。冰铜从底吹熔炼炉冰铜口放出，通过溜槽间断进入底吹吹炼炉进料口，吹炼过程中富氧空气通过炉底氧枪进入炉内，在吹炼炉炉温过高时可通过设在加料口上方的加料装置将经过裁剪切割的残极及其他冷铜加入炉内以控制温度。当炉内产生的渣量达到一定量后通过渣口放出炉渣，经冷却破碎后返回熔炼炉处理。吹炼炉内铜量达到一定量后，将粗铜吹炼到含铜 98% 左右后，烧开粗铜排放口，将粗铜排放入经过挂渣的钢包，再用起重吊车进入回转式阳极炉进行精炼。因该工艺目前尚处于不断完善阶段，下面介绍的是底吹熔炼炉工艺。

9.5.1　底吹炉工艺流程

底吹炉如图 9-1 所示，现场生产照片如图 9-2 所示。

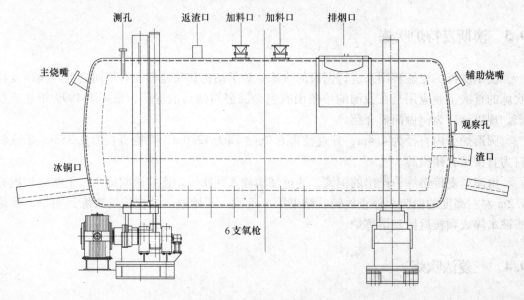

图 9-1　底吹炉示意图

图 9-2 底吹炉现场生产照片

9.5.2 底吹炉熔炼工艺优势

底吹炉吹炼工艺在底吹炉熔炼工艺的基础上发展而来，与其他熔炼工艺相比，这种工艺具有以下优势：

（1）原料制备系统简单、原料适应性强。

可以处理块料，也可以处理粉料，精矿（冰铜）不用制粒和干燥，湿精矿可直接入炉，适宜处理含金、银比较高的各种铜精矿，造锍捕金效果好，对铜精矿的品位要求不高。

（2）熔炼强度大。

熔炼工艺属于富氧熔池熔炼，鼓入熔体的富氧空气对熔体进行剧烈搅拌，气、液、固三相接触充分，反应极快，过程得到强化。

（3）投资少。

精矿不用制粒和干燥，物料制备系统投资少；配料均是在原料厂房完成，炉顶加料系统配置简单，不需要很高的厂房，厂房土建投资低；炉子本体结构简单，投资少。

（4）环保好。

底吹炉风口都不需要捅打，现场噪声小。炉体密封效果好，工艺烟气泄漏点很少，现场环境总体较好。

（5）烟尘率低。

物料含水要求不高，在8%~10%，因此烟尘很小，另外炉内喷溅的熔体可对微粒、尘状物料进行有效捕集，烟尘率较低，约为1%~2%。

（6）金属回收率高。

底吹熔炼炉的渣含铜高达4.5%，铜的直收率低，吹炼炉炉渣含铜高（30%左右）必须返回熔炼炉处理。熔炼炉渣经过炉渣选矿后，渣尾矿含铜可以达到0.3%，铜总回收率也可以达到98.18%。

（7）能耗低。

属于富氧熔炼，富氧浓度高，燃料消耗很少。底吹熔炼炉燃料率在1%以下，甚至可以不用外加任何燃料，实现自热熔炼和无碳熔炼。

（8）烟气量小、SO_2浓度高。

炉体密封效果较好，烟气泄漏点少，烟气量小，SO_2浓度可高达20%~25%，烟气制酸条件好。

（9）生产负荷调节范围大。

生产中通过改变富氧浓度调节产量，其富氧浓度一般控制在60%~73%之间，因此其生产负荷调节范围较大。

（10）操作简单，易于调节。

炉内液面稳定，便于实现自动化稳定控制。可以根据生产需要，通过调整氧单耗和氧利用率，得到不同品位的铜锍和粗铜。

（11）作业率高。

炉体结构简单，物料制备系统工艺简单，流程短，设备故障率低，对生产作业时间影响小。

（12）炉寿命长。

底吹熔炼炉由于氧枪在炉子底部，气体压力较高，在0.5~0.6MPa，因此氧枪口不会形成低温区，对砖体的侵蚀很小，风口区砖寿命很长，炉寿命达到2年以上。

9.6 侧吹炉吹炼

侧吹吹炼炉目前在内蒙古赤峰云铜正在建设之中，具体内容细节相对缺乏。本章节介绍侧吹熔炼炉。熔炼炉从设于侧墙和埋入熔池的风口直接将富氧空气鼓入铜锍—炉渣熔体内，未经干燥的精矿与熔剂加到受鼓风强烈搅拌的熔池表面，然后浸没于熔体之中，完成氧化和熔化反应。属于此类的有金峰炉、诺兰达法、瓦纽科夫熔炼法、特尼恩特法和白银炼铜法等炼铜方法。

9.6.1 侧吹炉工艺流程

侧吹炉工艺流程如图9-3所示。

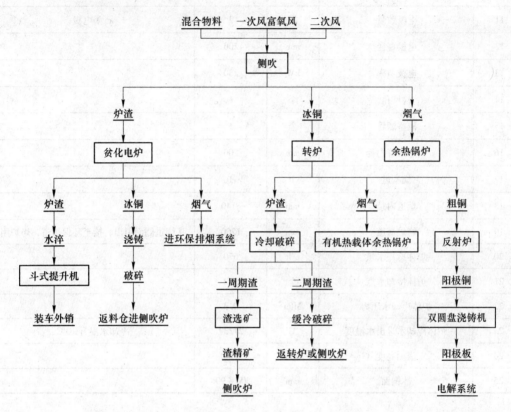

图9-3 侧吹炉工艺流程

9.6.2 赤峰侧吹炉配置情况

赤峰侧吹炉配置参数见表9-1。

表9-1 赤峰侧吹炉配置参数

序　号	项　目	单　位	数　据	备　注
1	风口区炉膛面积	m²	25.5	
2	一次风口数量	个	32	26个使用，6个待用
3	一次风口内径	mm	50	
4	二次风口数量	个	34	
5	二次风口内径	mm	50/80	数量22/12
6	加料口	个	3	
7	加料口	mm	400	直径
8	冰铜虹吸排放口	个	1	
9	炉渣溢流排放口	个	1	

序　号	项　目	单　位	数　据	备　注
10	放空口	个	3	检修时用，三个口共用一个溜槽
11	电极数量	根	2	石墨电极
12	电极直径	mm	200	
13	电极功率	kW	280	
14	检尺孔	个	1	
15	渣室烟管	个	1	
16	渣室烟管内径	mm	200	
17	烟　道	个	1	
18	烟道内径	mm	3140	
19	烤炉烟道	mm	1200	从烟道侧面引出，接至环保烟道，烤炉用
20	炉体冷却水量	t/h	670	
21	炉体冷却水点	个	132	
22	炉体冷却水压力	MPa	0.3	
23	炉体冷却水进出水温度	℃	27/37	冷却水温升 10℃
24	渣面高度	mm	2300	
25	冰铜面	mm	500~900	

9.6.3　作业参数及技术经济指标

赤峰侧吹炉进料参数见表 9-2。

表 9-2　赤峰侧吹炉进料参数

序　号	项　目	单　位	数　据	备　注
1	精矿量	t/h	63	干　基
2	一次氧量（标态）	m³/h	15300	
3	富氧浓度	%	73	
4	一次风压力	kPa	116	
5	一次风温度	℃	115	
6	二次风量（标态）	m³/h	18000	
7	二次风压力	kPa	24	
8	二次风温度	℃	110	
9	氧料比		160	不包括二次风中含氧量
10	一、二次风氧量比		4:1	

侧吹炉工艺控制参数见表9-3。

表9-3　侧吹炉工艺控制参数

序　号	项　目	单位	数值	备　注
1	冰铜品位	%	55~58	
2	冰铜温度	℃	1100~1150	
3	炉渣 Fe/SiO$_2$		1.1~1.2	
4	炉渣温度	℃	1150~1200	

侧吹炉入炉混合精矿、炉渣、冰铜成分见表9-4。

表9-4　侧吹炉入炉混合精矿、炉渣、冰铜成分

| 项　目 | 各组成成分（质量分数）/% | | | | | | | |
	Cu	Fe	S	SiO$_2$	CaO	Pb	Zn	As
混合精矿	20.20	26.69	29.81	11.37	0.97	2.05	1.59	0.46
冰铜	56.00	17.80	23.12					
侧吹炉炉渣	0.65	37.99	0.79	35.19	4.15			
贫化炉炉渣	0.53	38.65	0.67	34.59	4.09			

从入炉物料成分看，精矿杂质成分高，赤峰侧吹炉对物料的适应性较强，由于分析数据有限，暂不清楚其除杂能力。此外，赤峰铜业侧吹炉对物料的分析频次非常低，精矿只在进仓前分析一次，作为配料依据，混合精矿不再取样分析，冰铜样两小时分析一次，只分析 Cu、Fe、S 三种元素。侧吹炉系统部分经济技术指标见表9-5。

表9-5　侧吹炉系统部分经济技术指标

序　号	项　目	单　位	数值	备　注
1	吨矿熔矿成本	元	175.5	干　基
2	侧吹炉直收率	%	97.5	根据数据算出
3	侧吹炉回收率	%	98.7	根据数据算出
4	侧吹炉冰铜品位	%	55~58	
5	贫化炉弃渣含铜	%	<0.51	
6	转炉渣含铜	%	<3.5	
7	吨矿精炼成本	元	130	
8	吨渣渣选成本	元	72	
9	渣选尾矿含铜	%	<0.24	
10	渣选精矿含铜	%	≥19	

注：熔矿成本包括工资、五险、从精矿卸车到转炉产出粗铜的所有生产直接费用，但不包括折旧和财务费。

9.6.4　侧吹炉系统人员配置

金峰侧吹炉人员配置情况见表9-6。

表 9-6　金峰侧吹炉人员配置情况

序　号	岗　位	人　数	建　议
1	炉　长	1	1
2	侧吹炉控制室	2	2
3	加　料	2	2
4	风　口	2	由加料岗位兼
5	虹吸排放	3	2人即可
6	炉渣排放	2	2
7	看　水	1	由炉长兼
8	锅　炉		3
9	合　计	15	12

9.6.5　排放溜槽及熔体排放组织

赤峰云铜侧吹炉设冰铜虹吸放出口1个，炉渣溢流口1个，放空口3个（不同高度开三个排放口，三口共用一条溜槽，长时间停料检修时用于降低液面），冰铜根据转炉生产需要间断组织排放，炉渣连续排放。冰铜溜槽是由一节1.6m长的镁铬砖大头溜槽接水冷铜溜槽构成，正常使用时一班清理一次。渣溜槽全部为水冷铜溜槽，当溢流口区域黏结严重时需堵口清理，一班清理两次，每次30分钟左右，其间熔体面上涨300~350mm，此时一次风压力会增加3~6kPa，为避免液面过快上涨可以组织排放冰铜，保持操作液面基本稳定，减少因液面波动对炉况控制带来扰动。

正常生产时铜温1130~1150℃，渣温控制在1150~1200℃，炉前炉后均未设测温装置，熔体温度人工判断。排放时渣口、铜口熔体压力小，均采用方形黄泥块堵口，堵口开口操作方便，单人即可轻松完成。

9.6.6　一、二次风情况

精矿量63t/h（干基）时，一次风量（标态）15300m³/h，一次风富氧浓度73%，二次风量（标态）18000m³/h（空气）。一次风口设在炉体下部立水套上，炉子两侧墙上各16个，共32个，风管为DN50，目前使用的风口有26个，还有6个待用。二次风口配置在斜水套上部的耐火材料墙体中，二次风口共34个，有DN50和DN80两种型号的风管，其中DN50风管22个，DN80风管12个。

赤峰金峰炉一次风压力110~120kPa，二次风压力17~30kPa，一般在19~24kPa运行，一次风富氧浓度68%~75%，二次风无富氧。据岗位人员介绍，二次风压降低时，炉子反应良好，只是风压进一步降低时，风机会出现喘振。最低风压降低至17kPa后，再没有尝试降低风压。

赤峰侧吹炉锅炉设计循环水量 800 ~ 110t/h、蒸发量 33t/h、压力 4.2MPa。现余热锅炉出口烟气温度在 425℃左右。温度高的主要原因是：

（1）硫酸系统所提供化学水温度较高（170℃左右）。

（2）产能由设计的 50t/h 提升到目前的 63t/h。

电收尘器进口烟气温度要求不大于 320℃，赤峰侧吹炉系统在锅炉出口配置 U 形烟道降低烟气温度。此 U 形烟道配置不仅降低烟气温度、烟气含尘，而且加热了二次风。常温的二次风能够加热到 100℃左右，按照 18000m³/h 的风量（标态），可减少约 55kgce/h。

9.6.7 赤峰侧吹炉烟尘情况

由于侧吹炉冶炼特点，系统的烟尘率较低，为 1.5% ~ 2.0%。

从系统的运行情况来看，侧吹炉锅炉与电收尘器烟灰的分配比率为 2∶1。

侧吹炉辐射区分为 4 个灰斗，灰斗下部出口为 600mm × 600mm，装电液动插板阀，对流区刮板将烟灰输送至辐射区第 4 个灰斗，定时排放。U 形烟道烟灰每天早、晚各排放一次灰斗。均用农用车拉运至料仓，配入精矿后返侧吹炉处理。烟灰拉运量约 450t/月，约 15t/日。以此判断可知，电场烟尘量约为 300kg/h。

侧吹炉烟气与转炉烟气混合后，通过风机鼓入电收尘器内。由于烟气含尘较低，电场的进口混合烟气（标态）含尘约在 10 ~ 15g/m³，进口未设分布板灰斗。1 号、2 号电场与 3 号、4 号电场的烟灰分别通过刮板输送至简易白烟灰室待运。白烟灰洒少量水湿润后，用铲运车装至箱式货车外销。

附　录

复　习　题

一、填空题

1. 吹炼金属镍需要（　　）℃以上的温度。

答：1650

2. 铜转炉吹炼过程中绝大多数金、银、铂族元素最终进入到（　　）中。

答：粗铜

3. 转炉的炉口倾角为（　　）度。

答：27.5

4. 密度大于（　　）kg/cm^3 的有色金属为重有色金属。

答：5

5. 天然铜的颜色通常是紫黑色或（　　）。

答：紫绿色

6. 铜是一种玫瑰红色、柔软、具有良好延展性能的金属，易于（　　）。

答：锻造和压延

7. 铜能与锌、锡、镍互熔，组成一系列不同特性的（　　）。

答：铜合金

8. 铜具有（　　）个价电子，能形成一价和二价铜的化合物。

答：两

9. 铜在空气中加热至185℃开始氧化生成（　　），其颜色是暗红色。

答：氧化亚铜

10. 铜中（　　）含量越高，电导率越低。

答：杂质

11. 对硫化矿的冶炼要采用（　　），这种方法适应性较强。

答：火法冶炼

12. 火法冶炼过程具有高度的（　　）性。

答：连续

13. 铜在含有（　　）的潮湿空气中，易生成铜绿。

答：二氧化碳

14. 开采出来的铜矿石，在送往冶炼之前需预先进行（　　）。

答：选矿富集

15. 全世界重有色金属从产量来说，铜居（　　）位。

答：第三

16. 铜的合金中（　　）有较高耐磨性。

答：青铜

17. 氧化亚铜在自然界中以（　　）形式存在，根据晶粒大小不同，颜色也各异。

答：赤铜矿

18. 铜是（　　）和热的良导体，仅次于银而居第二位。

答：电

19. 铜不溶解于盐酸和没有溶解氧的硫酸中，只有在具有（　　）作用的酸中才能溶解。

答：氧化

20. 铜的合金中（　　）有较高耐磨性和抗腐蚀性。

答：白铜

21. 白铜是金属铜与金属（　　）的合金。

答：镍

22. 铜在含有 CO_2 的潮湿空气中，易生成（　　）。

答：碱式碳酸铜

23. 铜绿有（　　）性，故纯铜不宜做食用器具。

答：毒

24. 铜在空气中加热至 185℃ 时开始氧化，表面生成暗红色的（　　）。

答：Cu_2O

25. 用铁和锌可以从 $CuSO_4$ 溶液中置换出（　　）。

答：金属铜

26. 转炉吹炼过程中，氧化反应生成的 FeO 有一部分未及造渣，而是被氧气继续氧化生成（　　），即（　　）。

答：磁性氧化铁；Fe_3O_4

27. 当转炉渣中 SiO_2 含量低时，（　　）的含量高。

答：磁性氧化铁

28. 转炉炉体的主体是（　　）。

答：炉壳

29. 110t 转炉炉壳由（　　）mm 锅炉钢板焊接成圆筒，圆筒两端为（　　），也用同样规格的钢板制成。

答：40；端盖

30. 在炉壳两端各有一个大圈，被支撑在托轮上，这个大圈被称为（　　）。

答：滚圈

31. 转炉炉口供（　　）、（　　）、（　　）、（　　）和维修人员入炉修补炉衬之用。

答：进料；放渣；排烟；出炉

32. 在转炉正常吹炼时，炉气通过炉口的速度保持在（　　）m/s，这样才能保证炉子的正常使用。

答：8～11

33. 转炉一侧炉壳上装有一个（   ），是转炉转动的从动轮。
    答：大齿轮

34. 正常吹炼生产时，压缩空气经过（   ）送入炉内与高温熔体发生反应。
    答：风眼

35. 风眼角度设计有仰角、俯角和（   ）。
    答：零度角

36. 在炉壳里砌筑的耐火材料依其性质不同，可分为（   ）和（   ）两种。
    答：酸性；碱性

37. 转炉水平风箱由（   ）、（   ）、（   ）以及配套的消音器和（   ）组成。
    答：箱体；弹子阀；风管座；风管

38. 转炉炉体的回转速度设计为（   ）r/min。
    答：0.6

39. 在转炉传动系统中设有（   ），当转炉故障停风、停电或风压不足时，此装置立即启动。
    答：事故连锁装置

40. 转炉（   ）过程是经过大、中、小修之后砌体的一个预热过程。
    答：烘炉

41. 烘炉过程是炉衬耐火材料（   ）、（   ）和（   ）过程。
    答：水分蒸发；受热膨胀；晶形转变

42. 转炉目前采用重油烘炉时间大修为（   ）h 以上。
    答：72

43. 转炉烤炉最终温度达到（   ）℃以上就可以进料生产。
    答：1000

44. 糊补炉口是将（   ）和（   ），搅成糊状均匀糊在下炉口衬砖上。

答：镁砖粉；卤水

45. 糊补转炉炉口要注意把熔体冲刷出的凹槽填平，保持炉口（　　）、（　　）、（　　）。
答：宽；浅；平

46. 糊补炉口的目的在于保护（　　）和（　　）不受高温熔体的侵蚀，且有利于（　　）作业，防止渣中带锍。
答：衬砖；炉口；闭渣

47. 转炉放渣前要停风静置澄清分离（　　）分钟后可将渣放出。
答：3~5

48. 提前进料的目的，就是利用冰铜中含量较高的（　　）进行"洗渣"，把氧化后进入渣中的部分（　　）还原回来。
答：FeS；有价金属

49. 转炉烤炉或保温，烟气走（　　）线路。
答：环保

50. 转炉吹炼过程中火焰主色为红色、光色暗淡，炉内砖体上有很厚挂渣，说明炉温（　　）。
答：较低

51. 炉寿命是指转炉在两次（　　）之间吹炼的炉数。
答：大修

52. 转炉吹炼时如石英加入过多，则（　　）过高，炉渣（　　）。
答：渣含二氧化硅；酸性增加

53. 转炉吹炼过程中热量来自（　　）氧化的反应热和（　　）造渣的生成热。
答：FeS；FeO

54. 转炉炉衬在风口区、炉腹及炉口各区域根据（　　）情况不同，（　　）也不同。
答：受熔体冲刷；耐火材料厚度

55. 金川公司合成炉系统冰铜包的材质为（ ），容积为（ ）。

答：铸钢；6m³

56. 高镍锍中的镍是以（ ）状态存在。

答：Ni_3S_2

57. 高镍锍缓冷是根据金属硫化物的（ ）不同而有利于铜镍分离。

答：结晶温度

58. 转炉进料的位置是在炉口转至（ ）度左右。

答：60

59. 转炉砌炉常用的耐火砖为（ ）。

答：镁铬砖

60. 转炉吹炼温度高时风压（ ）、风量（ ）。

答：小；大

61. 转炉开炉分为烘炉和（ ）两部分。

答：试生产

62. 工艺检查时，应检查各工艺技术条件和（ ）的执行情况。

答：作业参数

63. 为了给以后的生产提供安全保障和为生产经济技术指标提供生产依据，试生产阶段应制定（ ）。

答：试生产方案

64. 试生产的目的是保证在开炉初期炉窑能（ ）。

答：安全运行

65. 氧化亚铜的熔点为（ ）。

答：1235℃

66. 氧化铜易被 H_2、CO、C、C_xH_y 等还原成（ ）。

答：金属铜

67. 耐火材料按照（　　）可分为不烧砖、烧制砖、耐火混凝土、熔铸砖几类。
答：烧制方法

68. 转炉烘炉时油枪燃烧稳定后，根据（　　）和热电偶所测温度，适时调整油量。
答：升温曲线要求

69. 转炉试生产初期炉温较低，可适当（　　）吹炼温度。
答：提高

70. 炉体拆除时，首先确定炉子大修还是（　　），按要求进行炉体拆除。
答：中修

71. 铜锍是（　　）的良好捕集剂。在吹炼过程中，（　　）、（　　）及（　　）金属几乎全部富集于粗铜中。
答：贵金属；金；银；铂族元素

72. 铜锍的铜品位通常在 $30\% \sim 65\%$ 之间，其主要成分是（　　）和（　　）。此外，还含有少量其他金属硫化物和铁的氧化物。
答：FeS；Cu_2S

73. Fe_3O_4 会使炉渣熔点升高、黏度和密度也增大，结果既有不利之处，也有有利的作用。转炉渣中 Fe_3O_4 含量较高时，会导致（　　）显著增高，喷溅严重，风口操作困难。
答：渣含铜

74. 利用 Fe_3O_4 的难熔特点，可以在转炉炉衬工作面上附着成保护层，利于炉寿命的提高。在实践生产中，称之为（　　）。
答：挂炉作业

75. 在铜锍转炉吹炼过程中，锌以（　　）、（　　）和 ZnO 三种形态分别进入烟尘和炉渣中，其中 ZnO 进入（　　）。
答：金属 Zn；ZnS；转炉渣

76. 在转炉吹炼过程中砷和锑的硫化物大部分被氧化成（　　）、（　　）挥发，少量被氧

化成 As_2O_5、Sb_2O_5 进入炉渣。只有少量砷和锑以铜的砷化物和锑化物形态留在（　　）。

答：As_2O_3；Sb_2O_3；粗铜中

77. 铜对硫的亲和力比铁对硫的亲和力（　　）。

答：大

78. 转炉炉衬一般分为以下几个区域：风眼区、上风眼区、下风眼区、（　　）、（　　）、（　　）和（　　）。

答：炉肩；炉口；炉底；端墙

79. 转炉炉衬损坏的三种原因是（　　）、（　　）、（　　）。

答：机械冲刷；热应力；化学侵蚀

80. 转炉砌炉的耐火材料主要有镁砖、（　　）、（　　）、（　　），它们都属于（　　）耐火材料。

答：镁铬砖；镁粉；卤水；碱性

81. 转炉一周期吹炼时，铁氧化造渣的反应方程式为（　　）。

答：$2FeS + 3O_2 + SiO_2 = 2FeO \cdot SiO_2 + 2SO_2$

82. 转炉的规格是以（　　）进行计算确定的。

答：单炉产量

83. 铜转炉生产作业组织模式有（　　）、（　　）、（　　）等几种。

答：单炉作业模式；炉交叉作业模式；期交换作业模式

84. 烘炉条件判定包括，是否对所有设备进行单体试车和（　　），达到安全正常运转的要求。

答：联动试车

85. 转炉烘炉时，首先检查重油、雾化风管线是否完好，安装好油枪和（　　）。

答：热电偶

86. 开风过程中当入炉风压大于（　　）后，控制工才可以合上事故开关。

答：0.05MPa

87. 烘炉时一般将测温热电偶装在烘烤温度最高、（　　）的部位。
答：升温速度较快

88. 上道工序备料及时和提供的冰铜品位是加入一周期冷料的重要依据。若备料速度快，冰铜品位相对较低时，转炉在（　　）时是加入冷料的最佳时期。
答：开风前

89. 转炉吹炼是一个强烈的（　　）过程，维持反应所需的热量依靠低锍吹炼过程中（　　）反应来供给。
答：自热；铁、硫的氧化及造渣

90. 低冰铜的转炉吹炼不仅有（　　）期，还有（　　）期，即可产出金属化的（　　）。
答：造渣；造铜；粗铜

91. 卧式转炉不能直接产出金属镍，是因为（　　）的熔点较高，而（　　）的熔点更高。
答：金属镍；氧化镍

92. 在（　　）中进行富氧吹炼并充分搅拌混合的条件下，能生成液态金属镍。
答：卡尔多转炉

93. 可以通过（　　）、（　　）、（　　）、（　　）、（　　）、（　　）、（　　）等现象来判断铜转炉吹炼是否达到造渣终点。
答：火焰颜色；火焰形状；渣花；渣汗；喷溅物；渣板样；吹炼时间

94. 可以通过（　　）、（　　）、（　　）、（　　）等现象来判断铜转炉吹炼是否达到筛炉终点。
答：火焰颜色；炉口周围翻花；炉后钎样；炉口渣板样

95. Fe_3O_4 熔点高达（　　）℃这一特性，控制其含量在合适范围内，使其黏附于炉衬表面可以起到在高温状态下保护炉衬的作用。
答：1594

96. 粗铜液过吹后，铜样断面（　　），呈（　　）色，过吹严重时呈（　　）色。

　　答：断茬粗糙；砖红；暗红

97. 铜液过吹后用热冰铜进行还原时，采用向过吹的炉内（　　）、（　　）的加入一定量的热冰铜，使冰铜中的（　　）和炉内熔体的（　　）发生剧烈反应。

　　答：缓慢；间断；FeS；Cu_2O

98. 铜液过吹后会产生（　　）、（　　）、（　　）、（　　）等危害。

　　答：降低炉寿命；影响铜直收率；危及安全环保；打乱系统作业秩序

99. 铜液过吹后会产生（　　）或是（　　）对炉衬具有强烈的侵蚀作用，对合金炉口、不锈钢炉口烧损严重，倒在钢包内易烧损钢包。

　　答：Cu_2O；$Fe_3O_4 \cdot Cu_2O$（铁酸亚铜）

100. 铜液过吹后，转过炉口观察炉内，炉衬表面（　　）、砖缝（　　），炉内熔体（　　）。

　　答：清晰；明显；流动性好

二、选择题

1. 铜的冶炼方法有（　　）。
   A. 湿法冶炼　　　　　　　　　　　B. 火法冶炼
   C. 湿法和火法冶炼　　　　　　　　D. 富氧吹炼

　　答：C

2. 在（　　）和长久加热时几乎可以使 Cu_2O 全部变成 CuO。
   A. 800℃　　　　　　　　　　　　B. 1060℃
   C. 1235℃　　　　　　　　　　　　D. 600℃

　　答：A

3. 氧化亚铜熔点只有在空气中加热至高于（　　）时才稳定。
   A. 1200℃　　　　　　　　　　　　B. 1060℃
   C. 1235℃　　　　　　　　　　　　D. 1280℃

　　答：B

4. 铜在常温（20℃）时的密度为（　　）g/cm³。

A. 8.89　　　　　　　　　　　　　B. 8.22

C. 7.81　　　　　　　　　　　　　D. 8.91

答：A

5. 铜在（　　）时的密度为 8.22g/cm^3。

A. 常温　　　　　　　　　　　　　B. 液态

C. 熔点　　　　　　　　　　　　　D. 沸点

答：C

6. 铜在（　　）时蒸气压很小，仅为 1.60Pa。

A. 熔点　　　　　　　　　　　　　B. 液态

C. 常温　　　　　　　　　　　　　D. 沸点

答：A

7. 铜在空气中加热，当温度高于（　　）时，表面生成黑色的 Cu_2O。

A. 150℃　　　　　　　　　　　　B. 350℃

C. 800℃　　　　　　　　　　　　D. 1060℃

答：B

8. 在 18、19 世纪，（　　）是铜的主要供给地。

A. 中国　　　　　　　　　　　　　B. 非洲

C. 欧洲　　　　　　　　　　　　　D. 美国

答：C

9. 在自然界中（　　）以辉铜矿的形态存在。

A. 硫化亚铜　　　　　　　　　　　B. 氧化亚铜

C. 氧化铜　　　　　　　　　　　　D. 自然铜

答：A

10. 硫化亚铜能与其他金属硫化物共熔结合成（　　）。

A. 粗铜　　　　　　　　　　　　　B. 金属铜

C. 冰铜　　　　　　　　　　　　　D. 氧化亚铜

答：C

11. 铜的碳酸盐在自然界中以（　　）的矿物形态存在。

A. 铜蓝　　　　　　　　　　　　　B. 孔雀石和蓝铜矿

C. 孔雀石   D. 辉铜矿

答：B

12. 铜能溶于（　　）、氰化物、氯化铁、氯化铜、硫酸铁以及氨水中。

A. 盐酸   B. 王水

C. 浓硫酸   D. 稀硫酸

答：B

13. （　　）工业是最大的用铜户。

A. 航空   B. 军事

C. 民用   D. 电气

答：D

14. 铜是（　　）工业极其重要的材料，制造飞机、坦克、大炮等需要大量的铜。

A. 国防   B. 航空

C. 民用   D. 电气

答：A

15. 铜在地壳中的含量约为（　　）。

A. 90%   B. 50%

C. 0.01%   D. 0.1%

答：C

16. 自然界的铜多以（　　）形态存在。

A. 硫化物   B. 化合物

C. 碳水化合物   D. 氧化物

答：B

17. 含铜品位在当地当时的技术和经济条件下，具有开采价值的岩石称为（　　）。

A. 精矿   B. 矿石

C. 铜矿石   D. 硫化铜

答：C

18. 目前工业生产上开采的铜矿石，其最低品位为（　　）。

A. 0.3% ~0.5%   B. 0.4% ~0.6%

C. 0.4% ~0.5%   D. 0.4% ~1.0%

答：C

19. 铜的碳酸盐在加热至（　　）以上时完全分解。
　　A. 150℃　　　　　　　　　　　　B. 160℃
　　C. 180℃　　　　　　　　　　　　D. 220℃
　　答：D

20. 世界铜产量的（　　）来自硫化矿。
　　A. 60%　　　　　　　　　　　　B. 75%
　　C. 85%　　　　　　　　　　　　D. 90%
　　答：D

21. 转炉炉衬中（　　）部位受侵蚀最严重。
　　A. 炉口　　　　　　　　　　　　B. 风眼区
　　C. 端墙　　　　　　　　　　　　D. 炉肩
　　答：B

22. 装高温熔体时，要求低于包子上沿（　　）。
　　A. 50　　　　　　　　　　　　　B. 200
　　C. 150　　　　　　　　　　　　D. 300
　　答：B

23. 严格控制（　　）是提高炉寿命的重要措施。
　　A. 炉温　　　　　　　　　　　　B. 热料量
　　C. 风量　　　　　　　　　　　　D. 渣量
　　答：A

24. 铜锍的主要成分为（　　）。
　　A. 合金　　　　　　　　　　　　B. 硫化亚铜
　　C. 硫化镍　　　　　　　　　　　D. 硫化铁
　　答：B

25. 转炉二周期吹炼所需的热量主要来自（　　）的氧化放热。
　　A. Cu_2S　　　　　　　　　　　B. FeS
　　C. Fe_2O_3　　　　　　　　　　D. Fe_3O_4
　　答：A

26. 低冰铜的吹炼有（　　）。
   A. 造渣期　　　　　　　B. 造铜期　　　　　　C. 造渣期和造铜期
   答：C

27. 铁、钴、镍、铜四种元素中，最难与氧结合的是（　　）。
   A. 铁　　　　　　　　　　　　　　B. 钴
   C. 镍　　　　　　　　　　　　　　D. 铜
   答：D

28. 转炉石英量越大，产出的渣量（　　）。
   A. 越大　　　　　　　　B. 越小　　　　　　　C. 不变
   答：A

29. 适当增大转炉风口管径可有效地（　　）。
   A. 降低风压　　　　　　　　　　　B. 增大送风量
   C. 减少喷溅　　　　　　　　　　　D. 多加冷料
   答：C

30. 转炉正常处理量不许超过设计处理量的（　　）倍。
   A. 0.8　　　　　　　　　　　　　　B. 1.0
   C. 1.2　　　　　　　　　　　　　　D. 1.5
   答：C

31. 转炉内下列物质中最先被氧化的是（　　）。
   A. 硫化亚铁　　　　　　　　　　　B. 硫化铜
   C. 硫化镍　　　　　　　　　　　　D. 硫化物
   答：A

32. 装铜锍时，冰铜包子（　　）。
   A. 可以不挂渣　　　　　　　　　　B. 挂贫化炉渣
   C. 挂阳极炉渣　　　　　　　　　　D. 挂合成炉渣
   答：A

33. 严格烤炉制度是（　　）的重要措施。
   A. 提高炉寿命　　　　　　　　　　B. 提高热料量
   C. 提高风量　　　　　　　　　　　D. 提高产量

答：A

34. 低冰铜中的铁主要是以（   ）存在的。
    A. Fe_2O_3 B. FeO
    C. FeS   D. Fe_3O_4
    答：C

35. 转炉放渣前要进料还原是为了（   ）。
    A. 提高直收率   B. 提高炉温
    C. 加快吹炼   D. 方便放渣
    答：A

36. 转炉漏风量越大，则烟气中二氧化硫浓度越（   ）。
    A. 高   B. 低
    C. 不变   D. 不相关
    答：B

37. 转炉风口区炉衬的侵蚀主要是（   ）。
    A. 机械冲刷作用   B. 化学腐蚀   C. 热应力作用
    答：A

38. 转炉渣中的铁是以（   ）状态存在。
    A. 金属单质   B. 硫化物   C. 氧化物
    答：C

39. 转炉渣中的铜是以（   ）状态存在。
    A. 金属单质   B. 硫化物   C. 氧化物
    答：B

40. 转炉吹炼中，二氧化硅与（   ）生成转炉渣。
    A. 氧化亚铁   B. 氧化铜   C. 氧化镍
    答：A

41. 转炉烘炉是一个脱水升温过程，主要是脱除（   ）。
    A. 结构水   B. 结晶水   C. 自由水、结晶水和结构水
    答：C

42. 鼓入转炉中空气氮气的含量（　　）转炉产出烟气中氮气的含量。
    A. 等于 B. 大于 C. 小于
    答：B

43. 转炉选择耐火材料是根据其（　　）。
    A. 气孔率 B. 抗结性和高温强度 C. 耐高温
    答：B

44. （　　）属于酸性耐火材料，转炉不能使用。
    A. 镁砖 B. 烧镁砖 C. 硅砖
    答：C

45. 镍、铜、铁、钴元素的氧化顺序（　　）。
    A. 铁、钴、镍、铜 B. 镍、铜、铁、钴 C. 铜、镍、钴、铁
    答：A

46. 提高冰铜品位，可以使转炉炉寿命（　　）。
    A. 提高 B. 降低 C. 无用
    答：A

47. 下列说法不正确的有（　　）。
    A. 冰铜品位低，转炉冷料率越高
    B. 冰铜品位越高，转炉吹炼时间越短
    C. 转炉砖单耗越小，炉寿命越低
    答：B

48. 铜冶炼作业分为（　　）、吹炼、火法精炼三个阶段。
    A. 焙烧 B. 干燥
    C. 熔炼 D. 精矿预处理
    答：C

49. 转炉熔剂要求为（　　）状态。
    A. 粒 B. 小块 C. 粉
    答：A

50. 以下说法中正确的是（　　）。

A. 转炉吹炼过程是一个吸热热过程，需要燃料辅助燃烧

B. 转炉吹炼过程是一个放热过程，但热量不足需要燃料辅助燃烧

C. 转炉吹炼过程是一个放热过程，其放出的热量除维持自身反应平衡需要外，还需要适时补充冷料以调节温度

D. 转炉吹炼不需要燃料辅助燃烧也不需要添加冷料

答：C

51. 20 世纪 30 年代前，（   ）熔炼工艺是主要的炼铜方法。

    A. 闪速炉   B. 电炉

    C. 鼓风炉   D. 自热炉

答：C

52. 转炉粗铜产率主要取决于（   ）。

    A. 冰铜品位   B. 冰铜含硫   C. 熔剂率

答：A

53. 转炉传动系统配备的主用电机为（   ）。

    A. 交流电动机   B. 直流电动机   C. 交直流两用电动机

答：A

54. 以下哪种材料不是转炉砌炉所用的耐火材料（   ）。

    A. 镁砖   B. 镁铬砖

    C. 铝碳砖   D. 卤水

答：C

55. 转炉烟气经过余热锅炉后进入（   ）。

    A. 烟囱排空   B. 化工厂制酸   C. 电场收尘

答：C

56. 转炉突然停风时，是由（   ）将转炉风眼转出液面。

    A. 直流电动机   B. 交流电动机   C. 直流与交流同时作用

答：A

57. 火法冶炼过程中产生的（   ）可用于制酸。

    A. 烟尘   B. 二氧化碳

    C. 二氧化硫   D. 二氧化锌

答：C

58. 控制工得到炉长停风指令后，首先要（　　）。
    A. 降低风机负荷　　　　　　B. 断开交流电源
    C. 合上事故开关　　　　　　D. 断开事故开关
    答：D

59. 石英的主要成分是（　　）。
    A. CaO　　　　　　　　　　B. SiO_2
    C. MgO　　　　　　　　　　D. $FeO \cdot SiO_2$
    答：B

60. 110t 转炉的规格（　　）。
    A. $\phi 4m \times 11.7m$　　　　B. $\phi 4m \times 13.7m$　　　　C. $\phi 4m \times 9m$
    答：A

61. 铜冶炼中，冰铜的主体成分为（　　）。
    A. Cu_2S 和 PbS　　　　　　B. Cu_2S 和 FeS
    C. Cu_2S 和 MnO　　　　　　D. Cu_2S 和 Pb_2O_5
    答：B

62. 炉渣的（　　）影响到金属或锍与炉渣的澄清分离效果。
    A. 体积　　　　　　　　　　B. 熔点
    C. 密度　　　　　　　　　　D. 沸点
    答：B

63. 下列不属于确认粗铜合格的方式是（　　）。
    A. 炉口火焰　　　　　　　　B. 热样端面
    C. 吹炼温度　　　　　　　　D. 炉后钎样
    答：C

64. 转炉炉口的放渣宽度不小于（　　）。
    A. 400mm　　　　　　　　　B. 300mm
    C. 200mm　　　　　　　　　D. 100mm
    答：B

65. 转炉炉口的放渣厚度不大于（　　　）。
　　A. 400mm　　　　　　　　　　B. 300mm
　　C. 200mm　　　　　　　　　　D. 100mm
　　答：D

66. 金川转炉目前烘炉使用的燃料主要是（　　　）。
　　A. 木柴和重油　　　　　　　　B. 汽油和重油
　　C. 木柴和汽油　　　　　　　　D. 棉纱和重油
　　答：A

67. 下列不能将氧化亚铜还原成金属的是（　　　）。
　　A. 氢气　　　　　　　　　　　B. 一氧化碳
　　C. 碳　　　　　　　　　　　　D. 氮气
　　答：D

68. 铜的熔点是（　　　）。
　　A. 1150℃　　　　　　　　　　B. 1083℃
　　C. 1235℃　　　　　　　　　　D. 2450℃
　　答：B

69. 炉渣的导热性能比冰铜的导热性能（　　　）。
　　A. 一样　　　　　　　B. 高　　　　　　　C. 低
　　答：C

三、多项选择题

1. 转炉吹炼的目的是（　　　）。
　　A. 除铁　　　　　　　　　　　B. 烟气制酸
　　C. 产出合格粗铜　　　　　　　D. 脱硫
　　答：ACD

2. 对转炉渣的处理方法有（　　　）。
　　A. 选矿法　　　　　　B. 返料处理法　　　　　　C. 电解法
　　答：AB

3. 降低炼铜转炉渣含铜的措施有（　　　）。
　　A. 渣钩测量渣层厚度在 50mm 以下

B. 放渣前沉淀 3～5min

C. 保障炉口宽、浅、平

D. 放渣前进料洗渣

E. 保障放渣时渣温在工艺控制范围内

答：BCDE

4. 停炉的标准为（　　）。

A. 风管发红　　　　　　　　　B. 炉端墙掉砖

C. 炉腹发红　　　　　　　　　D. 炉肩掉砖

答：AC

5. 吹炼中炉温过低的处理方法为（　　）。

A. 组织炉后强行送风

B. 与上一工序联系，进足够量的低冰铜

C. 若炉内低温熔体面过高时，则先倒出 2～3 包低温熔体

D. 适当降低氧气浓度

答：AC

6. 渣过吹表现为渣子从炉口喷出频繁，而且呈片状，过吹炉渣冷却后呈灰白色，这种情况下的处理方法为（　　）。

A. 放出 1/3 包渣子

B. 加入木材、电极糊等进行还原

C. 停炉降温

D. 缓慢、间断地加入一包低冰铜进行还原

E. 强制送风

F. 加入石英 1 到 2 分钟，吹炼 10 到 15 分钟后将渣子放出

答：ABDF

7. 炼铜转炉 3H2B 作业制度的优点有（　　）。

A. 周期交错，3 台转炉作业时间均匀

B. 热利用率较高，很容易实现

C. 炉膛温度变化小，有利于提高炉寿命

D. 单日炉数高，可超过 8 炉

E. 熔炼炉沉淀池沉淀时间均匀，能更好地连续生产

F. 熔炼炉沉淀池比较稳定

G. 吊车作业负荷均匀

答：ACDEFG

8. 转炉吹炼时（　　　）能够直接挥发进入转炉烟尘中。

    A. 金　　　　　　　　B. 银　　　　　　　　C. 铅

    D. 锌　　　　　　　　E. 砷

    答：CDE

9. 转炉吹炼的热支出主要包括（　　　）。

    A. 烟气带走热量

    B. 炉口喷溅物带走热量

    C. 进入冰铜所带的热

    D. 炉体传导散热

    E. 粗铜带走热量

    F. 转炉渣带走热量

    答：ABDEF

10. 下列有关110t卧式转炉的技术性能参数不正确的是（　　　）。

    A. 风管内径 50mm

    B. 风口间距为 152mm

    C. 110t 转炉设计送风流量（标态）35000m^3

    D. 可以处理110t 冰铜

    答：ABC

11. 卧式侧吹转炉由（　　　）组成。

    A. 炉基　　　　　　　B. 炉体　　　　　　　C. 加料系统

    D. 送风系统　　　　　E. 排烟系统　　　　　F. 传动系统

    G. 控制系统　　　　　H. 氧枪

    答：ABCDEFG

12. 炉体由（　　　）组成。

    A. 炉壳　　　　　　　B. 炉口　　　　　　　C. 水平风箱

    D. 护板　　　　　　　E. 滚圈　　　　　　　F. 大齿轮

    G. 风眼　　　　　　　H. 炉衬　　　　　　　I. 三角风箱

    答：ABDEFGH

13. 转炉石英加入过多的危害有（　　　）。

    A. 渣酸度增加　　　　　　　　　　B. 渣量增加

    C. 磁性氧化铁生成　　　　　　　　D. 金属损失增加

    答：ABD

14. 转炉常见故障有（　　　）。
    A. 过冷、过热　　　　　B. 喷炉　　　　　　　C. 翻炉
    D. 过吹　　　　　　　　E. 石英过多、过少　　F. 突然停风、停电、停水
    答：ADEF

15. 转炉直收率与以下哪因素有关（　　　）。
    A. 鼓风量　　　　　　　B. 送风时率　　　　　C. 吹炼时间
    D. 放渣技术　　　　　　E. 进料量
    答：AD

16. 下列选项能够进行温度判断的有（　　　）。
    A. 喷溅物　　　　　　　B. 火焰颜色　　　　　C. 火焰形状
    D. 送风压力及流量　　　E. 炉内观察
    答：BCDE

17. 下列选项能够进行渣含硅判断的有（　　　）。
    A. 渣温　　　　　　　　B. 渣样　　　　　　　C. 喷溅物
    D. 渣层厚度　　　　　　E. 炉内观察
    答：BCE

18. 下列属于熔池熔炼法的有（　　　）。
    A. 闪速熔炼法　　　　　B. 顶吹熔炼法　　　　C. 反射炉熔炼
    D. 矿热电炉熔炼　　　　E. 侧吹炉熔炼　　　　F. 底吹炉熔炼
    答：BCDEF

19. 下列说法不正确的有（　　　）。
    A. 冰铜品位越低，转炉冷料率越低
    B. 冰铜品位越低，转炉吹炼时间越长
    C. 转炉砖单耗越小，炉寿命越低
    D. 直收率与送风时率无关
    E. 转炉渣含硅越高，造成的机械冲刷越严重
    F. 转炉吹炼的目的是为了产出合格的粗铜
    答：ACE

20. 转炉使用的耐火材料有（　　　）。
    A. 硅酸盐结合镁铬砖　　　　　　　　B. 直接结合镁铬砖
    C. 电熔再结合镁铬砖　　　　　　　　D. 熔铸镁铬砖

E. 铝碳砖　　　　　　　　F. 硅砖　　　　　　　G. 黏土砖

答：ABCD

21. 转炉过冷的现象有（　　　）。

A. 火焰发红　　　　　　B. 风量增大　　　　　C. 风压增大

D. 捅风眼容易　　　　　E. 炉子不憋风

答：AC

22. 转炉加冷料的目的是为了（　　　）。

A. 造渣　　　　　　　　　　　　　　　B. 控制炉温

C. 闭渣　　　　　　　　　　　　　　　D. 回收有价金属

答：BD

23. 转炉吹炼操作中遇到炉温高、喷溅严重时应（　　　）。

A. 加强捅风眼　　　　　　　　　　　　B. 停止捅风眼

C. 提高风机负荷　　　　　　　　　　　D. 降低风机负荷

答：BD

24. 转炉捅风眼是为了（　　　）。

A. 降低风压　　　　　　　　　　　　　B. 提高风量

C. 提高炉寿命　　　　　　　　　　　　D. 防止憋风

答：ABD

25. 转炉炉衬的腐蚀主要是（　　　）。

A. 机械力　　　　　　　　　　　　　　B. 化学侵蚀

C. 热应力　　　　　　　　　　　　　　D. 以上都不是

答：ABC

26. 下列哪种物质不属于酸性氧化物（　　　）。

A. CaO　　　　　　　　　　　　　　　B. FeO

C. MnO　　　　　　　　　　　　　　　D. SiO_2

答：ABC

27. 转炉一周期吹炼时欠石英会造成（　　　）。

A. 渣子发黏　　　　　　　　　　　　　B. 磁性氧化铁升高

C. 直收率降低　　　　　　　　　　　　D. 渣量大

答：ABC

28. 下列可导致转炉喷溅严重的原因有（　　）。
    A. 液面过高　　　　　B. 液面过低　　　　　C. 送风量过高
    D. 粗铜过吹　　　　　E. 送风不均匀　　　　F. 渣过吹
    答：ABCEF

29. 冰铜品位越低，则（　　）。
    A. 吹炼时间延长　　　　　　　　B. 吹炼中热量越少
    C. 冷料率高　　　　　　　　　　D. 炉寿命越高
    答：AC

30. 下列描述铜液过吹后产生的危害有（　　）。
    A. 影响炉寿命
    B. 影响当炉铜直收率
    C. 威胁下道工序阳极炉的安全生产
    D. 干扰和影响系统作业秩序
    E. 威胁安全生产、污染环境
    答：ABDE

31. 炼铜转炉的产出物主要有（　　）。
    A. 冰铜　　　　　　　B. 炉渣　　　　　　　C. 粗铜
    D. 烟气及烟尘　　　　E. 喷溅物
    答：BCDE

32. 下列描述铜液过吹后处理措施正确的有（　　）。
    A. 迅速加入热冰铜进行还原
    B. 可以采用向炉内加入一定量的冷冰铜进行还原
    C. 将高品位液态白铜锍缓慢、间断地加入炉内进行还原
    D. 直接出炉
    答：BC

33. 影响转炉炉寿命的主要因素是（　　）。
    A. 砌炉质量　　　　　　　　　　B. 烤炉质量
    C. 操作温度　　　　　　　　　　D. 石英加入量
    答：ABCD

34. 转炉直收率与以下哪个因素有关 （　　　）。

    A. 鼓风量　　　　　　B. 送风时率　　　　　C. 鼓风压力

    D. 放渣技术　　　　　E. 进料量　　　　　　F. 吹炼时间

    答：AD

35. 下列能够表现粗铜吹炼终点判断的方法有 （　　　）。

    A. 通过观察炉口 "铜花" 来进行判断

    B. 通过观察炉口烟气及火焰来进行判断

    C. 通过在风眼取钎样来进行判断

    D. 通过接取 "铜雨" 来进行判断

    E. 通过观察炉口内壁出现 "铜汗" 的情况来进行判断

    F. 通过从炉口取模样来进行判断

    答：ABCDEF

36. 下列能导致转炉吹炼过程中出现憋风现象的有 （　　　）。

    A. 炉温低　　　　　　　　　　　B. 转炉缺石英量

    C. 风管不畅　　　　　　　　　　D. 冷料加多

    E. 液面过高　　　　　　　　　　F. 炉内压渣

    答：ABCDE

37. 转炉开炉前系统需要确认的工作有 （　　　）。

    A. 确认控制仪表及计算机系统工作正常

    B. 确认加料系统正常

    C. 风机负荷试车、确认送风系统正常，风箱无漏风

    D. 排烟机负荷试车，确认排烟系统正常

    E. 转动炉体，确认传动及事故倾转系统正常

    F. 确认操作人员精神状况良好

    G. 确认吊车运行正常

    答：ABCDE

38. 下列能够提高转炉炉寿命的措施有 （　　　）。

    A. 提高耐火砖、砌炉和烤炉的质量

    B. 控制技术条件：控制吹炼时的温度在工艺要求范围内，控制好渣含硅，防止炉温大起大落

    C. 适当提高高镍锍品位

    D. 采用补炉衬的措施

    E. 改进转炉结构

答：ABCDE

39. 下列能够判断转炉吹炼缺石英的现象有（　　）。
    A. 送风流量升高压力降低
    B. 炉口火焰摇摆无力
    C. 炉后捅风眼困难，噪声大
    D. 捅风眼钢钎表面有刺状黏结物
    E. 渣板样表面发黑
    F. 渣黏度大、流动性不好
    答：BCDEF

40. 下列能够表现转炉吹炼炉温过高的现象有（　　）。
    A. 送风流量升高压力降低
    B. 炉口火焰摇摆无力
    C. 炉口火焰旺盛有劲而发亮
    D. 炉后捅风眼困难，噪声大
    E. 从炉口观察炉衬砖缝清晰明显
    F. 渣流动性好
    答：ACEF

41. 下列描述铜液过吹现象正确的有（　　）。
    A. 当铜液过吹时烟气消失，火焰呈暗红色，摇摆不定
    B. 从炉后取钎样，钎样黏结物表面粗糙无光泽，呈灰褐色，组织松散，冷却后易敲打掉
    C. 转过炉口观察炉内，炉衬表面清晰、砖缝明显。炉内熔体表面流动性好
    D. 从炉口取样存在困难，即便是取出铜样，铜样表面亦带一层稀渣，且稀渣、铜样在敲打时易发脆
    E. 铜样断面断茬布满硫丝
    答：ABCD

四、判断题

1. 任何组成的炉渣，其黏度都是随着温度的升高而降低。（　　）
   答：√

2. 铜可以溶于氯化铁、氯化铜及氨水中。（　　）
   答：√

3. 氧化铜可被氢气、一氧化碳等还原成铜。（　　　）

答：√

4. 冰铜是炼铜过程的中间产物。（　　　）

答：√

5. 冶炼生产过程既有连续性，也有间断性。（　　　）

答：×

6. 冶炼生产过程具有高度的连续性，但工作不需要专业化，只要能完成生产任务即可。（　　　）

答：×

7. 铜合金中黄铜（Cu-Zn）具有较高的耐磨性。（　　　）

答：×

8. 目前，对铜的氧化矿使用的冶炼方法主要是火法冶金。（　　　）

答：×

9. 炉渣主要由碱性氧化物、酸性氧化物及两性氧化物组成。（　　　）

答：√

10. 在处理转炉渣过吹时，炉长应以最快的速度将炉口转到进料位置并停风，然后抓紧向炉内扔木材进行还原。（　　　）

答：×

11. 铜转炉工艺控制参数吹炼温度的控制范围是 $1150 \sim 1300\,℃$ 。（　　　）

答：×

12. 铜转炉工艺控制参数渣含硅的控制范围是 $18\% \sim 26\%$ 。（　　　）

答：√

13. 送风管网出现跑风、漏风，能维持吹炼供风要求时待出炉后处理。（　　　）

答：√

14. 石英的主要成分是碳酸钙。(   )

答：×

15. 正在吹炼的转炉从炉口位置观察火焰明亮且强劲有力，风压低、风量高是因为炉内液面过低造成的。(   )

答：×

16. 转炉吹炼产出的转炉渣可以直接废弃。(   )

答：×

17. 转炉加入冷料是为了处理系统产生的各种固体物料，使系统生产平稳有序。(   )

答：×

18. 高送风流量、低送风压力是提高转炉炉寿命和转炉生产效率的有效方法。(   )

答：√

19. 铜的熔点高于氧化亚铜的熔点。(   )

答：×

20. 转炉冷料率是指冷料量与热料及冷料总和的比值。(   )

答：×

21. 转炉正常吹炼时，产生的烟气经过环保烟道排空。(   )

答：×

22. 为了利用转炉回收烟气中的烟尘，在转炉烟道出口设置了余热锅炉。(   )

答：×

23. 转炉吹炼时炉内气氛主要是还原气氛。(   )

答：×

24. 任何组成的炉渣，其渣含有价金属都是随着温度的升高而降低。(   )

答：×

25. 铜液过吹后产生的 Cu_2O 或是 $Fe_3O_4 \cdot Cu_2O$ 对炉衬具有强烈的侵蚀作用，能严重地烧

损转炉合金炉口，当倒入粗铜包后可烧损钢包。（　　）

答：√

26. 转炉渣含二氧化硅过高，导致转炉渣酸度增加，对炉衬侵蚀严重，同时渣量大，有价金属损失多。（　　）

答：√

27. 为了更好地保证送风流量，将捅风眼钢钎钎头做到越大越好。（　　）

答：×

28. 转炉风眼角度选择零度首要目的是为了满足炉后风眼机更好地清捅风眼。（　　）

答：×

29. 进入转炉的冰铜品位越高，则转炉冷料率越高。（　　）

答：×

30. 若转炉水套漏水，直接威胁到转炉吹炼生产时，炉长应继续吹炼，直至本炉吹炼完毕之后，再处理漏水事故。（　　）

答：×

31. 发现渣包发红时，应当及时返掉包子内的高温熔体，之后包子继续使用。（　　）

答：×

32. 转炉捅风眼是为了保持一定的风压。（　　）

答：×

33. 转炉吹炼时熔体温度超过1300℃时，火焰呈白炽状态，炉衬耀眼，砖缝明显。（　　）

答：√

34. 炉体耐火砖中修挖补后的转炉必须烤炉升温达到要求后，方可投料生产。（　　）

答：√

35. 转炉正常吹炼过程中，加不加冷料都可满足冶炼工艺要求。（　　）

答：×

36. 选择转炉耐火材料的主要依据是耐火材料的耐火度和热震性。

答：×

37. 转炉吹炼温度控制得越低越好。（　　）

答：×

38. 粗铜的产率主要取决于冰铜含硫成分的多少。（　　）

答：×

39. 转炉炉后捅风眼保证钢钎钎头一定大小，是为了有效地清理风眼。（　　）

答：√

40. 转炉炉后捅风眼钎头越大越好。（　　）

答：×

41. 交叉、立体型作业中，必须上下联系好，上层作业要照顾好下层作业。（　　）

答：√

42. 刚进行完中修的转炉在生产初期吹炼中，在捅风眼时熔体易随着钢钎拔出而倒灌入风眼的主要原因是吹炼风压过低造成的。（　　）

答：√

43. 若出现全系统停电，炉长立即执行停吹操作。（　　）

答：√

44. 转炉不能正常转动时，炉长立即通知控制工启动直流电机，将风眼区转出熔体。（　　）

答：√

45. 风眼区、端墙部位发红，立即在表面喷水或通风冷却。（　　）

答：√

46. 转炉在加完熔剂后，炉口火焰和烟气从料管底部窜上顶部，造成皮带着火是因为下料管未及时关闭，料管起到了烟囱的作用而导致的。（　　）

答：√

47. 在转炉吹炼炉温过高时，加入冷料降温是唯一选择。（　　）

    答：×

48. 转炉在吹炼时不能加入粉状潮湿物料，但可以在空炉时加入，待烘烤一段时间后即可进热料生产。（　　）

    答：×

49. 转炉炉长在判断粗铜吹炼是否达到终点时从下炉口处接样判断即可。（　　）

    答：×

50. 铜转炉在筛炉时发现炉口出现淡绿色火焰，且火焰变短后即可认定为筛炉即将达到终点。（　　）

    答：×

51. 炼铜转炉可以通过观察炉口"铜花"来进行判断粗铜吹炼终点，"铜花"的实质其实就是熔体中的 Cu_2S 颗粒随烟气喷溅出炉口后氧化的现象。（　　）

    答：√

52. 特殊情况下可以不携带低氧浓度报警器和不佩戴外置式呼吸器进入密闭容器或涉氮岗位进行抢修作业。（　　）

    答：×

53. 转炉出完炉后在进行后倾限位试车时,只需开风后试车即可保证风眼不出任何问题。（　　）

    答：×

54. 烘炉期间,用大火直接提温,这样烘烤速度较快。（　　）

    答：×

55. 烤炉时,·只要将油量稳定即可,不需要调节油量。（　　）

    答：×

56. 只有炉体升温曲线达到目标值时,方可进行试生产作业。（　　）

    答：√

57. 炉长在转过炉口准备放渣时发现炉膛温度很高,砖缝十分明显,但是渣子发黏,不能

正常放渣是因为炉内存在过量的高熔点物质影响了炉渣的性能所致。（ ）

答：√

58. 在转炉吹炼过程中突然发现炉口喷出泡沫状炉渣是因为炉子反应过于激烈造成的。
（ ）

答：×

59. 在处理转炉渣过吹时只需将带水的固体炉渣用铁锹通过炉口扔到炉内，使泡沫渣液面降下即可。（ ）

答：×

60. 转炉粗铜过吹后，炉内熔体表面存在的大量稀渣是因为筛炉终点控制不当造成的。
（ ）

答：×

61. 高送风流量、低送风压力是提高转炉炉寿命和转炉生产效率的有效方法。（ ）

答：√

五、简答题

1. 单炉生产周期与哪些因素有关？

答：单炉处理量、低镍锍品位、送风强度、送风时率。

2. 鼓风时率与转炉的哪些因素有关？

答：合理的组织生产、较高的装备水平。

3. 提高生产率的措施有哪些？

答：较为合适的单炉物料处理量，平稳的镍锍品位，较为适宜的送风强度，提高送风时率。

4. 渣过吹是怎样造成的？

答：故障原因：渣造好后，没有及时放渣而造成渣子过吹。

5. 炉衬损坏的原因有哪些？

答：转炉炉衬在机械力、热应力和化学腐蚀的作用下逐渐遭到损坏。

6. 液体冰铜遇水爆炸的原因是什么？

答：冰铜具有较强的还原性，将水还原为氢气和氧气，氢气为爆炸气体。

7. 炉口的作用是什么？

答：进料、放渣、放高镍锍、排烟、观察炉况、检修进出。

8. 新修完的转炉上有哪些孔洞，各自用途是什么？

答：炉口、风眼、油枪孔。

9. 转炉控制 Fe_3O_4 的途径有哪些？

答：准确控制石英的加入量；放渣及时，炉内不得压渣，防止转炉渣过氧化；控制氧气浓度，防止过吹。

10. 对转炉冷料有什么具体要求？

答：大块物料指挥清炉口机进行破碎，粒度最大不超过500mm。检查所装冷料有无易燃易爆物品，是否有潮湿现象，运往备料冷料粒度不超过300mm，杜绝铁件等无法破碎物料。

11. 转炉吹炼为什么会产生磁性氧化铁？

答：转炉吹炼过程中，氧化反应生成的 FeO 有一部分未及造渣、而是被氧气继续氧化生成磁性氧化铁，即 Fe_3O_4，反应如下：

$$6FeO + O_2 \rightleftharpoons 2Fe_3O_4$$

12. 渣过吹的判断依据是什么？

答：转炉渣喷出频繁，而且呈散片状，正常时喷出的转炉渣呈圆的颗粒状。过吹炉渣冷却后呈灰白色，放渣时流动性不好，倒入渣包时易黏结，而且渣壳较厚。

13. 铜转炉与镍转炉吹炼结束后的下道工序有何不同？

答：铜转炉下道工序为阳极炉精炼，镍转炉下道工序为高锍缓冷。

14. 渣过吹后有什么危害？

答：渣子过吹主要损害是炉渣酸度大、侵蚀炉衬，渣中金属损失增加。

15. 简述开炉的种类。

答：开炉分故障开炉、小修开炉、中修开炉和大修开炉等。

16. 写出转炉正常吹炼下制酸烟气的流程。

答：烟气—密封烟罩—余热锅炉—电收尘—排烟机—制酸。

17. 写出转炉烤炉状态下烟气的流程。

答：烟气—环保烟罩—环保管道—环保排烟机—排空。

18. 吹铜转炉和吹镍转炉相比，其吹炼过程中有何不同？

答：铜与镍的冶炼在转炉吹炼工序上有所不同，低冰铜的转炉吹炼不仅有造渣期，还有造铜期，即可产出金属化粗铜；低镍锍的转炉吹炼则只有造渣期，当含铁吹到2%~4%时就作为最终产物放出，此时镍仍主要以金属硫化物存在。转炉不能直接产出金属镍，是因为金属镍的熔点较高，而氧化镍的熔点更高。

19. 转炉水冷烟道分哪几部分水套？分别有多少块？

答：前壁水套4块、顶壁水套3块、后壁水套3块、左右侧壁水套共24块。

20. 根据铜在渣中的损失可分为哪几种？

答：化学损失和机械损失。

21. 铜转炉入炉物料有哪些？

答：低冰铜、一周期冷料、二周期冷铜、石英。

22. 转炉加冷料的目的是什么？

答：控制炉温、保证转炉中低温吹炼，回收有价金属。

23. 渣过后怎样处理？

答：向炉内加入低镍锍或木柴、废铁等还原性物质后，开风还原吹炼，依据过吹程度不同，还原吹炼时间控制在5~10min，之后将转炉渣放出。

24. 简述设置"急停开关"的目的。

答："急停开关"通常是按键为红色蘑菇头或是圆形的手动控制按压式开关，属于主令控制器的一种，串联接入设备的控制电路，当人员或设备设施处于危机状态时，通过急停开关切断电源，停止设备运转，达到保护人身和设备安全的目的。

25. 简述转炉系统开炉准备的要求。

答：炉体系统、加料系统、水冷系统、控制系统及吊车系统等进行相应的检查、检修，具备正常生产条件。

26. 简述开炉步骤。

答：

（1）开炉前的准备工作。

（2）烘炉升温。

（3）投料试生产。

（4）熔体排放并转入正常生产。

27. 写出铁氧化造渣的化学方程式。

答：$2FeS + 3O_2 + SiO_2 \Longrightarrow 2FeO \cdot SiO_2 + 2SO_2$

28. 转炉吹炼中炉内磁性氧化铁与二氧化硅存在着什么样的关系？

答：随着 SiO_2 含量降低，Fe_3O_4 含量升高，提高渣含 SiO_2 可减小 Fe_3O_4 的生成。

29. 简要列举铜冶炼厂现使用的冶金炉窑。（分车间列举）

答：熔炼一车间：蒸汽干燥机、矿热电炉、贫化电炉、合成炉、转炉、阳极炉；

熔炼二车间：自热炉、卡尔多炉、倾动炉、阳极炉。

30. 简述在用重油烘炉前，先采用木柴烘炉的主要作用。

答：

（1）木柴发热值较低且便于引燃，在升温初期，达到均匀、缓慢升温的目的，使砖体避免遭受剧烈的热量冲击。

（2）使重油应用点燃并稳定燃烧，提高重油利用率，减少因温度较低，重油燃烧不完全产生的大量烟气。

31. 简述铜转炉过热的标准，其表现的现象是什么？

答：

（1）过热的标准：炉子温度超过 1280℃ 以上。

（2）烘炉是经过大、中、小修之后砌体的一个预热过程，是使炉衬砌体的水分蒸发、耐火材料受热膨胀和耐火材料晶形转变过程。

32. 简述铜转炉过热的现象。

答：火焰表现呈白炽状态。转过炉子，肉眼看炉衬明亮耀眼，砖缝明显，渣子流动性好，同水一样。风压小，风量大，不需捅风眼。

33. 转炉吹炼过程中的热支出主要有哪些？

答：主要包括：烟气、炉口喷溅物带走热量，炉口辐射散热，炉体传导散热、高镍锍和转炉渣带走热量。

34. 为何选择转炉吹炼时风眼角度为水平零角？

答：风眼角度设计有仰角、俯角和零角。风眼角度对吹炼作业影响很大，仰角过大不仅加剧物料喷溅、而且降低空气利用率；俯角过大则对炉衬冲刷严重，尤其对炉腹冲刷严重影响炉寿命，同时提高了入炉风压，加重了风机的负荷。故通常选择转炉吹炼风眼角度为水平零角。

35. 转炉开炉生产前的系统确认有哪些？

答：

（1）确认控制仪表及计算机系统工作正常。

（2）确认加料系统正常。

（3）风机负荷试车、确认送风系统正常，风箱无漏风。

（4）排烟机负荷试车，确认排烟系统正常。

（5）转动炉体，确认传动及事故倾转系统正常。

（6）确认炉基、炉体无异常变形或损伤，用黄泥糊好油枪孔，用镁泥糊补炉口。

36. 如何做到目标熔剂加入量的控制？

答：转炉渣分批放出，在每批渣形成期间，炉长以目标造渣量（约 15t/包）与目标渣含 SiO_2 的乘积作为基准计算熔剂需要量，并依据实际生产情况作细微调整（调整幅度 ≤1t）。

37. 转炉进料之前为什么要糊补下炉口？

答：

（1）保护衬砖和炉口不受渣和粗铜侵蚀。

（2）有利于闭渣作业，防止渣中带锍。

38. 正常停炉的标准有哪些？

答：风口区砌体经操作副炉长测量厚度在 30~50mm、炉腹发红、炉肩掉砖、炉端墙掉砖。

39. 判断渣含硅目前可通过哪几种方式来进行？

答：通过公式，火焰颜色、火焰形状、喷溅物、渣花、渣汗、炉内石英量、渣样等进行经验判断。

40. 设备维护保养"十字方针"的具体内容有哪些？

答：润滑、紧固、调整、清洁、防腐。

六、论述题

1. 转炉石英过少指什么？形成原因是什么？故障表现是什么？如何采取措施？

答：

（1）吹炼造渣所需的石英比实际炉况所需的少。

（2）原因为：转炉吹炼欠石英操作，渣含二氧化硅少，炉内磁性氧化铁升高。

（3）故障表现为：钢钎表面有刺状黏结物。增大转炉渣黏度和密度，导致操作困难。转炉渣中有价金属夹带增加。

（4）处理方法为：少加、勤加石英，逐渐使磁性氧化铁还原为氧化亚铁。

2. 转炉石英过多指什么？形成原因是什么？故障表现是什么？如何采取措施？

答：

（1）吹炼造渣所需的石英比实际炉况所需的多。

（2）原因为：对吹炼反应程度把握不准，熔剂加入量超出正常需要。

（3）故障表现是：有大量渣子喷出，转炉渣酸度大，对炉衬侵蚀严重。渣量增大，金属损失增加。

（4）处理方法为：放出少量转炉渣，再加入冰铜，继续吹炼，并适当减少石英的加入量。

3. 转炉炉体故障有哪些？分别如何处理？

答：

（1）转炉炉体发生故障，常见为耐火材料烧穿或掉砖，致使炉壳发红或烧漏。

（2）风眼区炉壳发红、端墙部位发红：立即在表面喷水或通风散热，待出炉后做进一步处理。

（3）炉口部位炉壳发红：加大石英、冷料投入量，借助熔体喷溅，自行挂渣。

（4）炉壳局部洞穿：在风眼区位置，可将炉子转出液面，用石棉绳和镁泥堵塞，继续吹炼，出炉后从炉内用镁泥填补或倒炉处理。在炉身或端墙位置，立即倾转将熔体倒入铜包或直接排放到安全坑中，必须停炉检修。在炉口位置，加大石英、冷料投入量，控制送风量，使烧漏部位自行挂渣。

4. 如何观察转炉渣含二氧化硅的多少？

答：

（1）观察上批转炉渣样，如表面有光泽和鱼尾纹、断面疏松有气孔，说明渣中 SiO_2 合适，本批渣按基准熔剂量配加；如表面有玻璃样镜面光泽，断面致密有白斑，说明渣含 SiO_2 过量，减少熔剂配加量；当渣样表面发暗灰色，断面致密并有明显竖条纹交错排列，说明渣含 SiO_2 不足，补加熔剂。

（2）放渣时观察炉内熔体表面，若有结壳的熔剂层，炉内砖缝挂渣明显，则表明炉内熔剂足量，否则不足。

5. 转炉渣中磁性氧化铁形成的原理是什么（用反应方程式说明）？影响其产生的因素有哪些？并如何做到优化控制？

答：

（1）原理为：转炉吹炼过程中，氧化反应生成的 FeO 有一部分未及造渣、而是被氧气继续氧化生成磁性氧化铁，其反应方程式为：

$$6FeO + O_2 \xrightarrow{\hspace{2cm}} 2Fe_3O_4$$

（2）产生因素有：熔剂的加入量；铜锍品位；吹炼温度。

（3）优化措施有：控制吹炼温度和石英石加入量，尤其在吹炼后期控制较高炉温，加入足量石英，有利于遏止 Fe_3O_4 的生成。

6. 如何防止粗铜过吹？

答：

（1）操作炉长须努力提高操作技能，熟练掌握判断粗铜吹炼终点的各种表象，对粗铜吹炼终点进行准确判断，防止粗铜过吹。

（2）操作炉长须认真把好筛炉质量关，确保筛炉质量，防止大量的"铁"进入二周期，防止加入过多的熔剂使其进入二周期。因为筛炉不彻底会对操作炉长的粗铜吹炼终点的判断产生影响（如火焰颜色、二周期吹炼时间、铜雨的产生等）。

（3）操作炉长必须加强工作责任心，在粗铜造铜期勤取钎样、铜雨样进行判断。新炉长在操作经验相对不足时应转过炉口取炉口铜样进行判断，防止用粗铜过吹。

7. 铜液过吹后会产生的危害有哪些？其原理是什么？

答：

（1）影响炉寿命：过吹时产生的 Cu_2O 或是 $Fe_3O_4 \cdot Cu_2O$ 对炉衬具有强烈的侵蚀作用，在未对过吹现象进行还原处理的情况下向外倾倒熔体时，熔体对合金炉口、不锈钢炉口烧损严重，倒在钢包内易烧损钢包。

（2）对当炉铜直收率有影响。

（3）粗铜"过吹"后。用铜锍进行还原。其反应主要是粗铜中 Cu_2O 与铜锍中的 FeS、Cu_2S 的反应，这些反应几乎在同一瞬间完成，释放大量的 SO_2 气体使炉内气体体积迅速膨胀，气压增大至一定程度，就会形成巨大的气浪冲出炉外。因此"过吹"铜还原时一定要注意安全，还原要慢慢进行，不断地小范围内摇动炉子，促使反应均匀进行。

（4）对系统正常生产组织产生干扰和影响，延长单炉作业时间，打乱系统作业秩序。

8. 转炉排烟系统故障有哪几类？分别如何处理？

答：

(1) 排烟系统故障主要指转炉水冷烟道、余热锅炉、排烟机出现问题，或监控参数异常不能正常排烟等。

(2) 水冷烟道故障：若水冷烟道的管路、阀门、水套漏水，及时关闭相应的进水阀门，并尽快组织处理。若漏水部位直接威胁到转炉吹炼生产，立即从烟道中转出炉口、关闭该部位进水，待漏水止住后继续或倒炉吹炼。

(3) 余热锅炉故障：余热锅炉发生漏气、漏水故障，依据情况严重程度不同，决定暂时维持吹炼、立即停吹或倒炉操作。

(4) 排烟机故障或事故状态：排烟机出现设备故障或参数异常，导致排烟系统负压波动、烟气外泄时，联系备料车间采取措施，直到排烟正常；情况严重时，立即停止吹炼或提前出炉，等候处理。

9. 系统停电如何处理？系统恢复送电后是按怎样的顺序进行确认？

答：

(1) 转炉全系统停电后，立即启动直流电机，将风眼区转出渣面，并联系恢复。如果吊车正在作业，断电后抱闸系统自动抱死，重物将可能悬在半空，此时一方面要疏散人群，并注意警示，另一方面可小心手动松紧抱闸，使重物缓慢平稳着地。

(2) 系统恢复送电后，按照控制系统—传动系统—送风系统—水系统—排烟系统的顺序，进行检查确认。

10. 转炉开炉前的系统确认工作有哪些？

答：

(1) 确认控制仪表及计算机系统工作正常。

(2) 确认加料系统正常。

(3) 风机负荷试车、确认送风系统正常，风箱无漏风。

(4) 排烟机负荷试车，确认排烟系统正常。

(5) 转动炉体，确认传动及事故倾转系统正常。

(6) 确认炉基、炉体无异常变形或损伤，用黄泥糊好油枪孔，用镁泥糊补炉口。

11. 提高转炉炉寿命的措施有哪些？

答：

(1) 提高耐火砖、砌炉和烤炉的质量。

(2) 控制技术条件：严格控制吹炼时的温度，保持炉温在 $1230 \sim 1280℃$。严格控制石英加入时间和加入速度，防止石英大量集中加入或欠石英操作。适时加入冷料，保持炉温相对均衡，力戒野蛮操作而引起炉温大起大落。

(3) 适当提高冰铜品位：一来可减少渣量产出，二来可缩短吹炼时间。

(4) 采用补炉衬的措施。

(5) 改进转炉结构。

12. 开炉之前进行烘炉的目的和意义是什么？转炉烤炉程序是什么？

　　答：烘炉的目的和意义就是通过对炉体的烘烤，将耐火材料中的水分排除，使耐火材料逐步完成晶格变形，完成膨胀过程，从而使耐火材料达到在生产过程中保持稳定。烘炉程序：

　　（1）炉衬检修结束 8h 后进行烘炉。

　　（2）首先检查重油、雾化风管线是否完好，安装好油枪、热电偶。

　　（3）联系供油、送风。

　　（4）先用木材烘烤 2~3 个班，炉内潮气基本挥发掉，炉膛温度达到重油闪点以上。

　　（5）用木材或棉纱引火，用小油、小火烘烤。

　　（6）油枪燃烧稳定以后，根据升温曲线要求和热电偶所测温度，适当调整油量。

　　（7）采用重油烘炉时间其温度达到 1000℃ 以上就可联系进料。

13. 风眼角度设计有哪几种类型？并根据其特点分析说明如何选取。

　　答：

　　（1）风眼角度设计有仰角、俯角和零角。

　　（2）风眼角度对吹炼作业影响很大，仰角过大不仅加剧物料喷溅、而且降低空气利用率；俯角过大则对炉衬冲刷严重，尤其对炉腹冲刷严重影响炉寿命，同时提高了入炉风压，加重了风机的负荷。故通常选择转炉吹炼时风眼角度为水平零角。

14. 某炉长吹炼时加入石英过少，试分析会造成什么现象，怎样进行处理。

　　答：

　　（1）钢钎表面有刺状黏结物。

　　（2）增大转炉渣黏度和密度，导致操作困难。转炉渣中铜、镍夹带增加。

　　（3）措施为：少加、勤加石英，逐渐使磁性氧化铁还原为氧化亚铁。

15. 转炉吹炼过程中需要定期加入一定量的冷料来控制炉温，请说出这样做的原因和目的。

　　答：

　　（1）原因为：转炉吹炼过程为自热过程，通常不需外加热能，并且由于转炉吹炼强烈的氧化造渣放热，会造成转炉吹炼过程炉温升高。

　　（2）措施为：需外加冷料控制炉温。

16. 转炉渣过吹后应如何处理？

　　答：

　　（1）当发现炉口火焰颜色发亮，有片状熔体喷出炉口且显得轻飘无力，此时炉内渣已有了轻微过吹，炉长应立即启动向前转动炉口操作，但必须掌握好停风时机，防止高温熔体倒灌入风管使得事故扩大。

　　（2）当炉口正常转到进料位置并停风后，炉长应立即找木材、煤块、电极糊等含有碳等具有还原作用的材料从炉口加入炉内，将产生的泡沫渣内的气体"放出"。

（3）联系向炉内加入一定量的热冰铜对过氧化的四氧化三铁还原成氧化亚铁，然后将炉内渣尽可能的排出。

（4）根据炉子当时的吹炼进度具体采取再进料或是其他吹炼操作方法逐步回复转炉正常操作。

17. 正在吹炼的转炉控制工接到班长通知，变电所发生跳电事故。假如你是控制工，应该采取什么措施保证安全生产？

答：立即利用转炉直流倾转将转炉风眼区转出熔体面，然后执行停风操作。

18. 转炉烤炉的燃料有哪些？木材烤炉的要求和作用是什么？

答：

（1）木材和重油。

（2）木柴烘烤 2~3 个班，炉内潮气基本挥发排掉、炉膛温度达到重油闪点以上（约 150℃），再利用重油继续升温。

（3）木柴发热值较低且便于引燃，在升温初期，达到均匀缓慢升温的目的，使砖体避免遭受急剧的热量冲击。

（4）使重油易于点燃并稳定燃烧，提高重油利用率，减少因温度较低、重油燃烧不全而产生的大量烟气。

19. 转炉吹炼过程中铅、锌是以何种方式反应的？如何采取措施降低产品中铅、锌含量？

答：铅、锌在铜锍中主要以硫化物形态存在。其氧化先于 FeS，但因含量很少，故同 FeS 的氧化同时进行，其反应如下：

$$2ZnS + 3O_2 = 2ZnO + 2SO_2 + Q$$

$$2PbS + 3O_2 = 2PbO + 2SO_2 + Q$$

$$ZnS + FeO = ZnO + FeS + Q$$

当有 SiO_2 存在时 ZnO、PbO 可造渣。没有 SiO_2 时，ZnO 和 ZnS 进一步反应生成金属锌，锌形成锌蒸气并燃烧成 ZnO 后进入烟尘：

$$ZnS + 2ZnO = 3Zn + SO_2 + Q$$

PbO 和 PbS 进一步反应生成金属铅，一部分挥发进入烟尘，还有一部分进入合金相中：

$$2PbO + PbS = 3Pb + SO_2 + Q$$

吹炼较高温度下，PbS 也可以直接挥发掉。正常生产过程中，铅、锌因转炉高温反应激烈，可以很容易除去。但处理含铅锌高的物料时，要采取特殊办法，即少量、分批加入转炉，采取措施适度延长吹炼时间使它们得以充分挥发，转炉烟尘另行处理。

20. 影响转炉炉寿命的因素有哪些？

答：耐火砖、砌炉和烤炉的质量；控制技术条件；吹炼时控制温度的高低；石英加入时间、加入速度；加入冷料的时间与方式；冰铜品位的高低。

21. 转炉过冷指什么？形成原因是什么？故障表现是什么？如何采取措施？

答：

（1）过冷是指炉温低于 $1000\,^{\circ}\mathrm{C}$。

（2）主要原因：炉体检修后温升不够。石英、冷料加得太多。大、中、小修炉子没有很好清理熔池，有过多的耐火材料粉留在炉内，造成熔体熔点升高。

（3）故障表现：风口黏结严重、送风困难、反应速度慢。

（4）措施为：炉后强制送风以特殊炉温。也可在液面允许的情况下再进热冰铜后再吹炼。在炉内液面较高时也可先倒出部分温度较低的冰铜再进热冰铜开风吹炼。有富氧时也可适度提高富氧浓度进行吹炼。

22. 转炉使用的耐火材料有哪几种？

答：

（1）硅酸盐结合镁铬砖（普通镁铬砖）；

（2）直接结合镁铬砖；

（3）熔粒再结合镁铬砖（电熔再结合镁铬砖）；

（4）熔铸镁铬砖亦称电铸镁铬砖；

（5）不定形耐火材料。

23. 为何要进行捅风眼操作？捅风眼的频次如何控制？捅打程度的掌握对转炉吹炼有何利弊？

答：

（1）转炉在吹炼过程中，风眼容易受熔体黏结，为保证正常均匀送风，需要进行捅风眼操作。

（2）根据入炉风压控制捅打频次，风压低减少捅打频次，风压高增加捅打频次。

（3）捅打程度掌握的好，可以保证转炉平稳、有效的送风强度，掌握不好会影响转炉吹炼状况和吹炼进度。

24. 某炉长吹炼时一次性加入石英过多，试分析会造成什么现象，怎样进行处理？

答：

（1）有大量渣子喷出，渣黏度增大，渣温低，渣量增大，金属损失严重。

（2）处理方法：放出少量转炉渣，再加入低镍锍，继续吹炼，并适当减少石英的加入量。

25. 转炉吹炼过程中出现转炉入炉风量很小，风压很高的现象，请分析其原因主要有哪些。

答：

（1）风口黏结严重、送风困难、反应速度慢。

（2）石英、冷料加得太多恶化炉况。

（3）炉子严重缺石英。

（4）炉膛本身温度较低。

26. 转炉 3H2B 作业制度有哪些优点？

答：

（1）热利用率较高，可以加大含铜杂料的处理，提高粗铜产量。

（2）周期交错，3 台转炉作业时间均匀。

（3）炉膛温度变化小，有利于提高炉寿命。

（4）单日炉数高，可超过 8 炉。

（5）熔炼炉沉淀池沉淀时间均匀，能更好地连续生产。

（6）熔炼炉沉淀池比较稳定。

（7）熔炼炉渣口排渣均匀，消除排渣的大幅波动。

（8）避免 2 台转炉同时处在 B 期，造成锅炉蒸汽流量过大，压力升高。

（9）硫酸系统避免了烟气流量，SO_2 浓度波动过大以及 2 个 B 期同时作业，以免造成烟气处理能力不足，转换器温度、尾排超标，低空污染。

（10）防止对制氧站的用氧不均匀，即 2 个 S 期时氧气不足，2 个 B 期时氧气过剩。

（11）吊车作业负荷均匀。

27. 某台转炉使用一段时间后发现上炉口部位炉衬明显减薄，但其他部位状况较好，请分析原因，应该采取什么措施？

答：

（1）原因为：送风强度过大，料面过高，冲刷严重。

（2）措施为：降低送风强度，降低料面高度，向转炉中加入石英后自行挂炉糊补炉口。

28. 炉渣在火法冶炼中的主要作用有哪些？

答：

（1）使矿石和溶剂中的脉石和燃料中的灰分集中，并在高温下与主要的冶炼产物金属、锍等分离。

（2）炉渣作为一种介质，其中进行着许多极为重要的冶金反应。

（3）在炉渣中发生金属液滴或锍液滴的沉降分离，沉降分离的完全程度对金属在炉渣中的机械夹杂损失起着决定性的作用。

（4）对某些炉型来说，炉内可能达到的最高温度决定于炉渣的熔化温度。

（5）在金属或合金的熔炼和精炼时，炉渣与金属熔体的组分相互进行反应，从而通过炉渣对杂质的脱出和浓度加以控制。

29. 筛炉终点有哪几种方法可以判断？具体应如何判断？

答：

（1）通过火焰颜色进行判断：筛炉间断时每一炉次的高温区。当炉温上升到1250~1280℃时，火焰旺盛有力而发亮，硫烟增多，表面炉内脱硫已经开始，火焰呈草绿色或是乳白色中间夹有棕红色，筛炉后30min逐步变为棕红色。

（2）通过炉口周围完全翻花来判断：当观察炉口周围已完全翻花，表面炉内 Cu_2S 相进一步氧化，炉内的铁已基本除尽。熔体是单一的 Cu_2S 相了，熔体品位大于78%，筛炉已经实现。

（3）通过炉后取钎样来判断：即可以通过观察捅风眼的钢钎上的黏结物呈现的颜色或状态来进行判断。当达到筛炉期时钢钎表面黏结物呈土红色或棕红色，有韧性，会自动卷曲，钎头有小刺。

（4）通过从炉口取渣板样来进行判断：可以通过从炉口取渣板样来进行观察，即渣板样表面颜色呈钢灰色，少许翻红色。渣板表面翻花，表面筛炉已经达到终点。

30. 转炉试生产作业程序是什么？

答：

（1）确认系统是否具备试生产条件。

（2）岗位控制人员经过培训全部到岗。

（3）电气、仪表控制系统及相关设施正常送电运行。

（4）联系上石英、冷料。

（5）联系余热锅炉上水运行。

（6）联系软化水泵房供水。

（7）联系开启环保、排烟风机。

（8）通知上、下道工序做好准备。

（9）做好相关设备、设施的准备工作。

（10）试生产初期炉温较低，可适当提高吹炼温度。

（11）出现异常现象，立即启动事故预案处理。

31. 铜液过吹后有哪些现象？具体应如何判断？

答：

（1）当铜液过吹时烟气消失，火焰呈暗红色，摇摆不定。

（2）从炉后取钎样，钎样黏结物表面粗糙无光泽，呈灰褐色，组织松散，冷却后易敲打掉。

（3）转过炉口观察炉内，炉衬表面清晰、砖缝明显。炉内熔体表面流动性好。

（4）从炉口取样存在困难，即便是取出铜样，铜样表面亦带一层稀渣，且稀渣、铜样在敲打时易发脆。

（5）铜样断面断茬粗糙，呈砖红色，过吹严重时呈暗红色。

32. 铜液过吹后有哪些处理措施？其反应原理是什么？

答：

（1）用热冰铜进行还原：即采用向过吹的炉内缓慢、间断地加入一定量的热冰铜，使冰铜中的 FeS 和 Cu_2S 发生以下剧烈反应：

$$FeS + Cu_2O \longrightarrow Cu + Fe_3O_4 + SO_2 \uparrow - Q \qquad （习1-1）$$

$$Cu_2S + Cu_2O \longrightarrow Cu + SO_2 \uparrow - Q \qquad （习1-2）$$

反应式（习1-1）主要发生在刚进行还原反应之初或是在炉内铜液严重过吹时。反应式（习1-2）主要发生在还原操作即将结束或是炉内铜液过吹较浅时。具体取决于炉内铜液过吹的严重程度。

（2）可以采用向炉内加入一定量的冷冰铜进行还原的措施，冷冰铜加入炉内后反应较前者较为平缓，反应机理不变。

（3）将高品位固态白铜锍加入炉内进行还原，反应机理为式（习1-2）。根据"过吹"程度来确定加入的数量。若加入的白铜锍过多时，可继续进行送风吹炼，直到造铜终点。

冶金工业出版社部分图书推荐

书　名	定价(元)
新能源导论	46.00
锡冶金	28.00
锌冶金	28.00
工程设备设计基础	39.00
功能材料专业外语阅读教程	38.00
冶金工艺设计	36.00
机械工程基础	29.00
冶金物理化学教程(第2版)	45.00
锌提取冶金学	28.00
大学物理习题与解答	30.00
冶金分析与实验方法	30.00
工业固体废弃物综合利用	66.00
中国重型机械选型手册——重型基础零部件分册	198.00
中国重型机械选型手册——矿山机械分册	138.00
中国重型机械选型手册——冶金及重型锻压设备分册	128.00
中国重型机械选型手册——物料搬运机械分册	188.00
冶金设备产品手册	180.00
高性能及其涂层刀具材料的切削性能	48.00
活性炭-微波处理典型有机废水	38.00
铁矿山规划生态环境保护对策	95.00
废旧锂离子电池钴酸锂浸出技术	18.00
资源环境人口增长与城市综合承载力	29.00
现代黄金冶炼技术	170.00
光子晶体材料在集成光学和光伏中应用	38.00
中国产业竞争力研究——基于垂直专业化的视角	20.00
顶吹炉工	45.00
反射炉工	38.00
合成炉工	38.00
自热炉工	38.00
铜电解精炼工	36.00
钢筋混凝土井壁腐蚀损伤机理研究及应用	20.00
地下水保护与合理利用	32.00
多弧离子镀 Ti-Al-Zr-Cr-N 系复合硬质膜	28.00
多弧离子镀沉积过程的计算机模拟	26.00
微观组织特征性相的电子结构及疲劳性能	30.00